人民网
people.cn

坚持的路上，你不孤单

唯有坚持 不负梦想

人民网
社交媒体部
——
主编

中国画报出版社·北京

目录

思路决定出路，格局决定结局。

思路与格局有多大，你的未来就有多大

文 · 李尚龙

1

某天，我发了一条微博：

人家埋头学习，你围观评论；人家专注自强，你在意自尊；人家看书，你看热闹；人家欣赏他人优点，你嘲笑别人不足。人和人的差距就是从思路和格局中这么一点点地拉开的。

这条微博，是我过去一年的深刻体会。

很多人都有一个习惯：莫名其妙地随大流，为别人操心，无论自己的生活过得多么差。相反，那些过得很好的人，很少评价别人，更是很少在热点话题下疯狂跟帖。

我的那条微博没有批评别人，因为我也曾经这样，时常被一个热点新闻牵扯精力，聊得不亦乐乎，一时忘记了自己的目标。

很多人容易在一片热闹声中，忘记自己本应该做什么。高手之所以是高手，是因为他们能摒弃一切干扰和喧哗，一直紧盯着自己的目标。

这世界最可怕的，就是那些比你聪明的人还比你努力，而你还全然不知，在热闹中自嗨，最后追不上了，就感叹一句："他运气真好。"

我曾经看过纪录片《人类》，发现人和人最大的区别不在外表，而是格局和思维方式，一个人的思维方式，决定了他的高度。

不同的思维方式，能带人走不同的路。

2

一次，我要飞到南方某城市做新书签售，因为当天北京的天气原因，大量航班被取消，我们的航班也没有幸免，瞬间谩骂声、叹息声充斥候机大厅。

愤怒中，我也跟着起了哄，空姐无能为力，只好叫来了领班。她也无力辩解，人们继续跟着起哄，仿佛起哄能解决问题。

这时，朋友提醒了我一句：“你别跟着起哄了，起哄能解决问题吗？”

听到这话，我立刻转身冲出去，迅速改签到另一个航班。我们改签时，当天最早起飞的航班，还剩最后两张票。

我们准备登机时，愤怒的人群才反应过来，开始涌向改签处，可惜的是，已经没有当天的票了。于是，他们又开始了另一场愤怒。

飞机起飞的时候，我忽然明白了，虽然我们都遇到了同样的麻烦，但我能上飞机，不是因为别的，而是因为思维的不同：无济于事的抱怨和当机立断地找到解决方案。

后者，是解决问题；前者，只是爆发情绪。情绪不能解决问题，只能增加问题的复杂性。

在生活和工作中也是这样，遇到问题时，你是选择抱怨谩骂，还是冷静下来寻找解决方案呢?

3

不同的思维方式，能带人走不同的路。

比如，遇到一件不符合你的观念的事情，你是选择鞭挞它，还是愿意思考背后的逻辑，然后去换个角度看世界?

遇到失利和挫折，你是愿意自怨自艾，还是愿意埋头总结教训，迎接下一次战斗？

遇到一件搞不懂的事情，你是愿意不停地发问，还是愿意变成一个坚实的行动派？

遇到不公平，你是愿意痛苦悲伤沮丧，还是愿意相信美好，然后找到一条通往光明的路？

思路决定出路，同样的人类，因为思路不同，才让我们的道路不同。

4

怎样拥有健康和利于发展的思路与格局？

思路的培养，需要持续不断的努力，我并没有好办法，只有不停地努力学习，并积极改变。

但有两种方式，是这些成功者的共性：读好书，与正能量的人交流。

思路会潜移默化地被书本里的语句改变，格局也会慢慢地被正能量的人感染，那些气质，从内到外地散发。

愿我们都是那样的人。

李尚龙　畅销书作家、青年导演、编剧、考虫网联合创始人。出版了《你只是看起来很努力》等畅销书。

你的人生要靠自己成全。

愿我出走半生，归来仍是少年

文 · **傅首尔**

有段时间，朋友圈被小短片《啥是佩奇》刷屏，看了之后感慨万千。

也不知从什么时候开始，回不回家过年成了热门话题。

那段时间的工作都是春节特辑，屡屡被问及：过年回家如何与亲戚相处才不尴尬?

我不知道怎么回答。

大概亲戚关系和亲子关系一样吧，像内裤，每条都不同。

我和他们相处，不怎么尴尬。

他们看着我长大，看着我从捡旧衣服到穿上名牌裤子，混得人模人样。

我念大学时，小舅在北京打工，周末煨一点儿牛肉，舍不得吃，一定等我到才打开一瓶小酒愉快地喝起来。

他喝酒时会哼小调，会讲笑话，一辈子只想多挣点儿钱，走南闯北，他是我们家最帅的男人。

我们很少联系，跟所有的两代人一样，没什么共同语言。

可他把所有《奇葩说》中关于我的部分仔仔细细地反复看，直到能背下来。

有一季，他发动所有的朋友看，他说："我外甥女又上电视了！"

2018 年，不用他发动了，他们矿上的老板把我的同学会视频发给他，说："你外甥女火了。"

小舅给我妈打电话，打了两个小时，反反复复地说："不得了了，连我们老板都是咱首尔的粉丝……"

人生就是一场目送，有些路你总要一个人走。

我所有的亲戚对我的任何一点儿成绩都夸大其词。

我大姨是我每篇文章每个字的忠实读者，她总说：“哎呀，我们家怎么出了你这么有才华的人。”

我遇到事儿的时候，我大姨就给我发鸡汤、名人名言，说：“不怕啊，没有人是容易的，你晓得不？你已经很棒了。不要难过，千万不要得抑郁症啊……”

我一条都没回，但我每条都读了。

我小姨在朋友圈做微商，卖染发剂，还有各种小产品，我从来没屏蔽过她。

她曾是我心中最时髦的女人，她爱笑，摊春卷皮的姿势麻利好看，跟着我外婆在街口摆饺子摊，说：“你要听话啊，赚了钱小姨给你买彩笔。”

那时候，她才二十岁，梳两条长辫子。我没爸，我妈要上班，没空管我，都是小姨带我。她谈恋爱都带着我，在冷饮店里，她命令男友买一碗糖水枇杷给我吃，男友也没什么钱，抠抠巴巴买了一碗，他们俩面对面坐着，干聊。

后来这位男友成了我的小姨父。

我小姨说：“嫁给他准没错的，他对你好。”

我最喜欢我小姨的旧衣服，花里胡哨的。我六年级穿去学校，被老师骂了一顿：“为什么穿大人的衬衫？”

我冷冷地说：“我喜欢。”

我在宣城市念高中，放假回县里，在小姨店门口下车，拎着两个大包，身上一分钱没有，像逃难一样喊声“小姨”。

她每次都从兜里掏两块钱，说：“给，坐达雅机（注：载客三轮车）回去。”

我说：“算了，省下来买炸臭干吃。”

她就掏出五块钱，说：“坐达雅机，剩下的买炸臭干行了吧……”

我就这么一趟一趟，五块钱五块钱地长大了……

眼看她两鬓斑白，臃肿起来，从我穿她的衣服到她穿我的衣服，她说：“呀，这件好看，这件也好看，怎么这么好看，你穿什么都好看。”

而我外婆，这个带大我的人，现在患有老年痴呆症。

过年的时候，她冲每个人笑，她是得病之后才开始笑容满面的。

在我的记忆里她非常严肃，常常独自发愁。

所以我就安慰自己，笑代表快乐，是福报吧。

去年我问她：“家奶，你认得我吗？”

她说：“你，我还能不认得吗？你是村子里那谁家谁。”

她一直爱喝牛奶，这是我欣慰的。

她的身体那么好，走路仍像一阵风。

我记得小时候，她牵我过马路，要等没有车才走，说：“小心驶得万年船，晓得不？”

我说：“我活不到一万年。”

她买一块冰砖堵我的嘴，说：“你呀，就像八哥儿一样能说。”

过年不用聊什么，过年不是用来聊的，它是一个机会、一个借口，彼此见一面，父母、亲戚、久违的同学，那些曾在生命里如此重要却被时代分隔、被命运吹散的人。

后来，邻居都叫我“八哥鸟儿”，可见，一切都是命运的安排。

年复一年，她早已搞不清我是谁，谁是我。

山长水远，不重要了，我只希望她一直活着，能一直喝我买的牛奶。

过年不用聊什么，过年不是用来聊的，它是一个机会、一个借口，彼此见一面，父母、亲戚、久违的同学，那些曾在生命里如此重要却被时代分隔、被命运吹散的人。

过年不见，什么时候见呢？

他们还问我：“每年都和父母一起过年，会想改变一下，自己过个年吗？”

我笑了。

我从小和外婆住在一起，吃过年夜饭，外婆会拿上一些糖说：“走，上你妈家玩会儿去。”

看完春晚，我们再踩着清冷的月光回程。

我总想，什么时候能一起过个年啊？

十四岁时，我回到了妈妈身边，终于可以一起过年了。

但为了生活，我妈和继父开了个小游戏厅，年三十是生意最好的时候。

于是，我关于“年”的记忆就是匆匆吃完年夜饭，然后和妹妹两个人围着火盆看春晚，听着爆竹声睡去，妹妹把我冰凉的脚搂在怀里。

我结婚后，每年都和公婆、父母一起过年，十年了，从不缺席，出去旅行，也是一家七口。

旅行回来，就去走亲戚。

不想矫情地说想念，人嘛，终究是越走越远，正因为越走越远，才需要一个机会，回到原点。

过年回个家，怎么就那么难、那么烦呢？我始终不理解。

愿我出走半生，归来仍是少年，孤零零地站在街口，只想要温暖的五块钱。

傅首尔

米未传媒签约艺人，《奇葩说》选手，作家。2012年出版长篇小说《青春是一本仓促的书，我们流着泪一读再读》，并售出影视版权。2014年，出版长篇小说《我见青春多妩媚》。

生命不是你活了多少日子，而是你记住了多少日子。

听歌的人
不许流泪

文 · 这么远那么近

1

记得前段时间的某个工作日，有个读者给我发来短信：我就在你家楼下，能不能见你一面？

然后又补了一句：冒失了，对不起。

把我吓了一跳，那时我正在摄影棚里没日没夜地和团队审片子，有时早晨进棚，收工已经是傍晚。

我说：我在公司啊。

他说：哦，那好吧，我走了。

我不经意地问：你怎么知道我的住址，还有电话?

他说：我曾经参加过微博抽奖送书，快递单子上写着你的地址和电话。

我说：我已经搬家了，不在那个地方住了。

他说：哦，那真是遗憾，本来还想找你聊聊的。

到了周末的晚上，我照例推送了广告开始回复留言，发现后台开始不断地有留言提醒，原以为是谁又反感我发广告，没想到是一个人发来的长长的话，点开头像看起来像是一个男生。

他留言说：我二十多岁，因为家里穷，没上过大学，很早就来北京打工，学了一段时间汽修，就在一家汽修厂工作，总觉得自己过得不开心，赚的钱不多，也接济不了家里，特别难过，想学点儿什么，又发现自己其实什么都不会。

他说：我其实有点埋怨家人和自己，感觉自己特别没有文化，就连文章都看不太懂。有时看别人留言能说出好长一段话，就觉得很羡慕，也特别羡慕你的生活。

我回复说：谁的生活都不容易，你要是不满意自己的生活，就要好好加油啊。

他显然没料到我会回复，打了一连串的叹号，并说：我以为你不看后台的留言呢。

我说：哈哈，我有时也会看。

过了一会儿，他说：我只是想找个地方倾诉一下，另外很抱歉，前几天我不是故意要打扰你的，也不会泄露你的任何信息。

我这才知道，他就是前几天给我发信息的男生。

2

某次，我去外地出差，预约了一辆车。

当时已是深夜，原以为叫车会很困难，结果刚点了叫车就有人接单，接着一个电话打了进来，是一个中年男子。

上了车后，师傅说：“这么晚还要去机场啊？接人？”

我说：“不是啊，出差。”

师傅说：“挺辛苦的。”

我说：“师傅您也挺辛苦，这么晚了还在跑车。”

师傅说：“我本来是要准备回家了，都进小区准备停车了，可一看你要去机场，这是大活，得接。”

我笑了笑，没有接话。

我环顾了一下四周，虽然不是豪华车，但看起来十分干净，也提供饮用水和纸巾，还有一股淡淡的香味。

我不由得说：“网约车现在搞得不错啊，总比出租车强。”

师傅说：“就是挣不了多少钱。”

我说：“怎么会？不都说开网约车要比出租车赚得多吗？”

师傅说：“我以前就是开出租车的，真叫累啊，每天起早贪黑，夏天更是受罪，连空调都舍不得开。后来开了网约车，一开始赚钱还行，但平台渐渐不扶持了，一趟下来原本能拿八十多块钱，现在才三十多。”

我一听数字就头大，在脑子里盘算这到底是怎么个计算公式。师傅又接了一句："就先别提赚钱，每天一脚油门，一脚刹车，换你，你累不累？"

我问："那您一天开多少小时的车？"

师傅想了想："十多个小时吧。"

到了机场后，师傅帮我开门提行李，我赶紧道谢，师傅说："一路顺风啊，小伙子，记得给我个好评。"

我点点头："好的。"

等我换完了登机牌，下到接机层准备去书店时，突然看到师傅站在接机出口处，倚着柱子在抽烟。

我走过去说："师傅，还没走啊？"

师傅明显一愣，然后干笑了一下："想再接个人回市里，就不用跑空车了。"

3

有一次，我和客户吴姐相约晚上在国贸饭店见面谈事。

本来约的是八点，可吴姐姗姗来迟，刚坐下就忙不迭道歉："对不起，对不起，刚刚开了一个会，领导话痨，讲了一大堆。"

我哈哈大笑："还是第一次见你骂领导。"

她翻个白眼："没办法，人家也需要释放的，不是吗？"

我已经吃过晚饭，她给自己点了一杯红茶、一盘沙拉，一边听我讲项目进度，一边吃得狼吞虎咽。

我说："你慢点儿吃。"

她说："我一天没吃饭，饿得头晕。"

我说："那吃个沙拉能饱吗？"

她说："晚上还是少吃点。"

我不由得感慨："你真是辛苦，大周日的也不休息。"

这世上所有的坚持，不仅是因为热爱，还有责任。

她笑了笑，拿着叉子朝我点了点：“你不也一样？周末还要和我谈项目，说得口干舌燥。”

我也笑了，倒也是。

过了一会儿，吴姐的手机响了，她起身去接，我看着她在不远处来回地兜圈子，小声地讲话，表情有些不自然，好像是在劝说什么。

她回来后，我问：“是不是有事？有事你就先走吧，我们改天再谈。”

吴姐摇摇头：“不行，这个项目今天必须理出个头绪，明天领导要听汇报的。”

没说几句，吴姐的手机又响了，她正低头忙着整理资料，看都没看就接了起来，我很清楚地听到一个孩子的哭闹声。

吴姐抱歉地看了我一眼，然后对着电话说：“嘟嘟乖，妈妈一会儿就回去，你再等妈妈一会儿好不好？妈妈还有工作，但说好了要给你过生日就一定会过的。”

电话里不知说了什么，吴姐说：“对不起啊，嘟嘟，妈妈今天太忙了，礼物还没来得及买，过几天，妈妈给你补上好不好？”

又说了一句，吴姐放下了电话，对我说：“继续吧。”

我犯难地看着她说：“你回家吧，陪陪孩子。”

吴姐摇摇头：“算了，其实……也习惯了。”

4

之前有篇热文《凌晨三点不回家》，很久之前还有一篇《你见过凌晨四点的天空吗》，这些文章下的留言，总是看得人一阵揪心。

有人说，海外留学，打工到夜里十二点，回到住的地方，洗个澡继续做教授安排的功课，直到凌晨四点半，没什么值得可怜的，自己选的路，再累也要走下去。

有人说，小警察一枚，曾有过十天睡眠总共不超过六个小时，回家大睡一觉醒来，走了两步心绞痛栽倒在地上，幸亏家里有人，不然可能就完了。

有人说，曾经在外地出差两个月，外婆病重都没能去看望。后来外婆去世，自己又在外地，没能送老人家最后一程，之后在外婆的墓前哭了好久，觉得自己好不孝。

有人说，哥哥是一名外科医生，手机里一直有他的一张照片，那是他凌晨四点通宵加班手术后从手术室走出来站在窗前拍下的，天边朝霞渐生，玻璃上映射出他的身影。

…… ……

我一个做舞台设计的朋友曾戏谑地对我说：“见过凌晨四点的天空算什么？我见过北京晚上十一点到早上六点的天空。”

我哈哈大笑：“你赢了。”

这些热门文章一出，马上就会有反对的观点出现。

有的说，虽然看着很心酸，但你别这样做，对身体不好。

有的说，这是打造集体焦虑，是投机取巧的代表，是对长期高负荷工作的夸张。

有的说，别矫情了，不遵守基本作息规律的努力很难造就成功，努力加班和成功不能画等号。

有的说，不合理的加班文化一点都不值得推崇，与其自我感动，不如想想如何切实保障劳动者的合法权益。

总而言之，反对的意见是在说劳动者也要有尊严地劳动。

不能说这些观点是错的，但他们所说的，和热门文章里所谈的，是两个层面的事情。

读者感觉自己不如人，做汽修工作很苦闷，他不想做更好的工作吗？

网约车师傅每天辛苦跑车，深夜都不能回家休息，他不想在家里好好睡一觉吗？

吴姐每天奔波在职场，整日加班，连孩子过生日都不能享受亲子之乐，她愿意这样吗？

还有那些警察、医生，和更多在普通岗位上的普通人，他们不知道身体更重要吗？他们难道只是想用加班来换取成功吗？

我觉得不尽然，他们只是做着这样的工作，履行着自己职业身份的责任而已。

如果某一天，一个警察因为要彻夜办案，说“不要，我要自己的合法权益，我要有尊严地劳动”，一个医生因为有紧急病人需要深夜抢救，说“不要，我不要不合理的加班，我也要身体健康”，可想而知，网上又会有什么言论出来。

做的就是这样的工作，在其位，谋其政。

是否加班，是否凌晨三点还没回家，我们没得选。

5

有过这样的讨论：为什么一有这样的文章，就会刷屏？人们究竟在矫情什么？

我也想问：“为什么你听一首歌就会落泪，你又在矫情什么？”

有人回应说：“因为成年人的生活，没有容易二字。”

我说：“因为我们每个人身上，都有故事。”

你有许多不为外人所知的故事，你有许多无处安放的情绪，你曾把它们小心翼翼地存放在心里，不容别人窥探，但只要稍有机会，因为一篇文章、一首歌，它们就会撩拨起你的那点脆弱。

就是因为你有许多不为外人所知的故事，你有许多无处安放的情绪，你曾把它们小心翼翼地存放在心里，不容别人窥探，但只要稍有机会，一篇文章、一首歌，就会撩拨起你的那点脆弱。

有人想哭，不敢哭，吃个火锅才能流泪，说被火锅的浓烟熏着了，说被辣椒辣到了。

有人难过，不敢独自难过，蒙在被子里透不过气来，反复说“我没事，我很好，我还可以”。

有人想矫情，不敢矫情，只能在看到一篇文章时，突如其来地被击中，在留言里写下短短几行字，抒发一下自己的情绪。

所谓不动声色，是别人看起来不动声色，但暗藏在地下的汹涌只有你知道，只有一首歌知道，只有一篇文章知道。

我们每一个人，都是这样的啊。

有人说自己分手了很难过，生活事业一团糟，付出那么多却没有回报，被人伤害欺骗，最后只能自己偷偷地哭。

我们每一个人，都是这样的啊。

每天盯着自己的账单过日子，这个想要、那个想买，每天就想着多辛苦一下，发了薪资就能过得宽裕一点。

我们每一个人，都是这样的啊。

学会察言观色，不想得罪人，也不能再任性地活着，看不惯很多人，但也默不作声，隐藏自己的想法。

我们每一个人，都是这样的啊。

都想努力赚钱，都会遇人不淑，都会因为工作加班，都会因为感情伤心，都会面对生活的诸多琐事。

都会在某一刻说："活着，好累啊。"

也会在下一刻说："我不能矫情。"

我们，都是这样的啊。

我们会对别人说，听歌的人不许掉眼泪。

但会因为一首歌落泪，因为一部电影动情，因为一点儿打击受挫，因为你就是那样的人。

谁流泪谁知道，自己心里有数。

那个人，不就是你吗？

这么远那么近	本名贳文宇，广告人、畅销书作家、电台主播，古器物爱好者。出版《有些路，只能一个人走》《我知道你没那么坚强》等畅销书。微信公众号：这么远那么近。

不要跟往事拉扯，要把时间和精力放在让自己更强大上。

唯有坚持，不负梦想

文 · 李月亮

1

我妈在亲戚群里聊天，聊着聊着忽然惊讶起来：“哎哟，嚯！”

我问怎么了。她把手机给我看：“小温啊，真当了主持人了，就在市电视台。”

“啊？”我更惊讶。

手机视频上，一位美丽的短发女士在播新闻，温婉端庄、字正腔圆，特别有范儿。

真是小温。

我妈连连感叹："这小丫头，太有心劲了！"

我不仅感叹，更心生佩服。

小温是我老家一个表舅的女儿，打小就梦想当主持人。

记得小时候，她整天在家各种演、各种播，有时还组织一群小孩开联欢会，当然，必须她主持。

后来上高中，她立志要考播音主持专业。

那时她还是个又黑又瘦的土丫头，谈吐也平平常常，完全看不出半点儿主持人的影子。

她妈都不敢跟亲戚们说女儿想考主持人，跟谁说谁都笑。

第一年高考，小温没考上。复读一年，她又没考上。

她爸妈急得不行，天天劝她，说："闺女，咱不是这块料，还是选个别的专业吧。"

她坚决不干，继续复读。

那年暑假，她上培训班，就住在我家。

我印象特别深，每天早上，她 5 点准时起床练绕口令，在家里见着字儿就读，常常一个人在阳台上字正腔圆地跟我们家的花说话：花儿你好，花儿早上好。昨晚睡得好吗？

我妈就笑："这丫头，魔怔了。"

又死拼了一年，她总算考上了一所普通大学的播音主持专业。

后来我们见面就少了，不过每次见，我都觉得她的气质更好了。

有一次，我问她是不是还一心想进电视台，她连连点头说"是"，随后又咧嘴说"但是特别特别难，所以准备考研"。

考研她又考了三年，其中的艰辛可想而知。

其间，她妈曾特意找我，让我劝她别考了，说："工作也不干，恋爱也不谈，愁死人了。"

我劝不出口。我知道她面临的压力，但更知道她心里的那股劲儿。幸好，后来她终于考上了。

读研时，她一直在当地电视台实习。起初，她就是买盒饭、拿快递、搬设备，后来开始写稿子，参加选题会。

我去年见到她妈，老太太还抱怨，说她忙活了两年，最后也没留下，还在继续找工作。

没想到，转眼之间，小温已经坐在主播台前了。

我反反复复看着小温的视频，感慨不已。

一个人，从一片荒芜坚持到梦想成真，有多不容易。但她一定很感谢自己这些年无畏的坚持吧？

十年坚持，成就一生梦想，很值。

2

人活着，心里总是有梦想的。梦想各有不同，但我们总有一个想抵达的地方——作家、企业家、歌唱家、顶级厨师、旅行达人……

可是，梦想有多瑰丽，现实就有多惨烈。

大部分人抬眼一看，就被吓住了——山太高，路太远，道阻且长，罢了罢了。

只有少数人，会一路寻梦而去，紧追不舍。他们看起来特别傻，但后来，他们成了自己的英雄。而那些嘲笑他们的人，最后都遭到了生活的嘲笑。

楼下的大爷们聊天，总喜欢说“我当年”。

“我当年要是干律师，现在可厉害了！”

“我当年数学特别好，要是好好学习，考个大学，那前途不可限量！”

“我当年游泳，谁也游不过我，要是加把劲，轻松进省队……”

可是啊，当年早过去了，现在说什么也没有用。

所以，人有梦想、有实力，都不算数。要有行动、有坚持，才可能摘到最甜最美的果实。

否则就只能在垂垂老矣时，眯着眼睛坐在墙根，在憾悔中遥想当年。

多少人的人生，都是如此：

五岁时你有一个画家梦，可你学了几节美术课就烦了，再也没去上；十五岁时你又想成为作家，可投了几次稿都石沉大海，之后你再也没兴趣动笔；二十五岁时你想瘦下来，可节食太苦、健身更苦，你实在坚持不下去；三十五岁时你想练好厨艺，可照着餐谱做了几次，效果都不理想，后来你就懒得折腾了……

然而，再后来，孩子总抱怨你做的菜不好吃，天天都想点外卖；身边朋友这个有腹肌，那个有马甲线，而你一身游泳圈、蝴蝶袖、麒麟臂；小学同学开了画展，一幅画卖出了你一年的收入，你在格子间填着报表，忽然想："小时候我比他画得还好呢……"人最不幸的，就是因为自己一时轻慢，辜负了一生的梦想。

很多事情，不是没有机会，不是遥不可及，而是你和梦想之间，差了一个坚持。

当年说放弃的时候，是那么轻松随意、不以为然。到很久以后回头看，才摇头叹息，才追悔莫及，才知道当初自己放弃的是什么。

很多事情，不是没有机会，不是遥不可及，而是你和梦想之间，差了一个坚持。

3

我一个朋友的奶奶，没上过学，半辈子都苦于不识字，看不了书，做不了像样的工作。

五十三岁那年，她决心和孙女一起认字。

身边人都以为她只是一时心血来潮，没想到，老太太每天学习两个小时，雷打不动，一学就是六年。后来她掌握了三千个汉字，能读能写：读书、看报完全没问题了，有时还写诗；唱了几十年的戏，终于懂戏词了；去超市再也不会把酱油当成醋了。

家里人都觉得她很励志，老太太自己也特有成就感，而她的成功经验就俩字：坚持。

她说："你心里想做这个事，就别怕难，一直坚持做，就成了。"

特别朴素的道理。很多事情就是这样——读书也好、减肥也好，考证也好，练厨艺也好，只要坚持做，就能成。

但我们往往因为懒、因为没毅力，而止步于更好的人生。

老太太说：“识字以后，感觉又到另一个世界里活了一回。所以，这几年虽然特别辛苦，但也特别值。”

是的，去追逐远大梦想，过程往往艰难，辛苦、孤独、怀疑、恐惧会接踵而至，轮番袭击你。

但当你一沟一坎迈过去，一步一步走上去，到和梦想相拥的那一刻，你会瞬间明白，之前熬过的所有艰辛，都意义巨大，都酝酿着胜利的号角，都饱含着极致的喜悦。

4

其实人这一生，真不用功高盖世、富可敌国，只要成为自己喜欢的样子，过上自己喜欢的生活，便是最大的成功。

如果你梦想的人生在山顶，请你憋住一口气，只管闷着头向着那里走。别风声鹤唳，别怕什么鬼怪传说，一步一步，你只管走。

走一步，你就离梦想近一步。

走一万步，你就甩掉了大部分同行者。

走十万步，你就一头撞进了梦想的怀里。

人生至美，就是抵达梦想的那一刻。要抵达梦想，没有捷径，你要做的，只有日复一日，坚持向前。

唯有坚持，不负梦想。

李月亮

知名专栏作者。出版畅销书《愿你的生活，既有软肋又有盔甲》等。微信公众号：李月亮。

人生至美，就是抵达梦想的那一刻。

给自己定的标准越高，收获就越多

文 · 韦娜

1

我的一个同学喜欢摄影，大学毕业后，她没有找工作，当上了自由摄影师。

她免费给一个摄影师当助理，除此之外，她还要租房，还要生活。

有一两年，她特别辛苦，住过小小的隔间，蹭住过亲戚家、朋友家、同学家，经常搬家。

当她的摄影学得有些心得了，却没有人给她当模特。于是，她开始找身边的朋友。没想到，她想拍的第一个模特就是我。

她特意从杭州跑来上海给我拍照，我们走在街头，她让我做一些动作，配合她的要求。有时，我的动作不到位，她会反反复复地要求我。

我看了一下照片，觉得每一张照片都差不多，何必要用不同的表情、动作拍那么多，太折磨人了，又很累，我真想放弃。

她却说："我对自己拍照是有标准的，看似相同的照片，细节其实有很大不同。如果我现在敷衍，不拍到最好的一面，这种思维模式注定成不了优秀的摄影师。而我的标准就是要成为一个负责任、有品位的摄影师。"

在拍照过程中，为了拍一张好照片，她躺在地上、站在高高的椅子上，她专注的样子很美。再看她拍出来的照片，每一张都特别好看。我对她说："你以后一定会成为出色的摄影师，因为你有标准、有要求，也有责任心。"

青年作家赵星说："想做成一件事，最怕的不是没运气、没钱、没伯乐，而是开始就对自己没什么要求。”的确如此。

现在的她，已是一名很有名气的摄影师。我再次约她拍照，这次，每一个造型、场景、发型，包括眼影的颜色和场景是否搭配，她都要认真地对比，比以前更谨慎、更用心。

我说她：“你都拍那么久了，要学会放松自己。”

她却说：“不能放松，因为我的标准更高了。”

2

刚认识徐先生的时候，他是一个“完美主义先生”，用他自己的话说，他想做一个对自己有标准的人，并享受有些要求的生活。

而我却是一个“差不多小姐”，对许多事情不挑剔，没有特别多的要求，也不想强迫自己去做不擅长的事情。虽然不至于得过且过，但对自己很宽容。“差不多得了”是我的口头禅，也指引了我的生活。

表面上，我这个“差不多小姐”真的很好相处，我从不主动要求或批评他。他这个“完美主义先生”却让人有些心烦，因为他有些挑剔。

比如用手机拍照，在我看来就是一件很小的事情。

我品尝到了美食，就会胡乱拍一张，告诉他：“我现在吃的这个东西很好吃。”

我用文字形容得很美好，照片却拍得很惨淡。

他会告诉我：“你可以试着从不同的角度来拍你喜欢的东西，找到最美的角度，有点儿耐心、有点儿标准，把小事做好，你的审美会慢慢提升，照片也会越拍越好看。”

再看他拍的照片，他想告诉我天空很美，就会拍窗外的云雾、星光给我看，每一张照片都很美，梦幻而又浪漫。

于是，我拿出画笔，对着照片画水彩画、画蓝色的天空、画云朵、画密密麻麻的房子，画到一半时，新鲜感过了，略感枯燥，我又被其他的事情吸引了，于是，画笔搁在旁边，我就不画了。

差不多的人生，其实差很多。别让自己毁在凡事差不多上。

徐先生来看我，先是赞美我，画得挺好，然后问怎么不继续了。我只好说，去做其他的事情耽误了，不想画了。

其实，这也是我最大的缺点，事情做一半，就不愿意继续，很容易被其他事情打断。同时，我又很贪心，喜欢一下做很多事，每件事都会半途而废。

再看徐先生工作的样子，我真是由衷地敬佩他。

他是飞行员，有一个厚厚的笔记本，每一次起飞前，他都会温习起飞和降落的跑道，哪怕他已飞了多年，每次还是认真准备。明明已经熟悉到会背诵，他还是会看了一遍又一遍，对每一个细节都了然于胸。

他的时间观念很强，每次做事前都会认真计算时间，从未迟到过。或者可以说，他本身就不允许自己迟到，以这个标准来要求自己时，做任何事都会有紧迫感。

他认真对待自己的爱好。一次，他和别人约好打篮球，其他人却没有来，他就一个人练习投篮，也玩得不亦乐乎。我为他不平，他却说：“没什么，我就是来练习打球的，至少自己没有遗憾。”

在他的感染下，我也放弃了“差不多得了”的理念，开始享受对自己有标准的人生。

毕竟，当你开始对自己有标准时，就会对自己有要求，有期待，你会开始明白，哪些是你必须做好的，哪些是可以忽略的，好像生活一下就清晰起来，使你能做到把握你所拥有的，放弃你不能改变的。

生活由繁至简，不再是差不多得了，而是一定要完成自己的目标，那是我想要得到的人生。

3

我不想再偷懒，不愿再迟到，不能再生活得稀里糊涂，更不可以为每次拖延找借口。我也意识到，我们为工作和生活偷来的闲散，终究还会找回来，让我们花费更多的精力来处理。

对自己有些标准，挑战一件事情时，尽自己最大的努力去做，一定要先做到自己满意。如果自己不满意，不妨试着再修改，再完善，越是完美的东西，越是需要精雕细琢，越是需要有标准。

对自己有标准，不遗余力地去做，去享受过程，去把每一个细节都做到你眼中的完美。每一个细节的正确，会让结果更完美。

早一些起床，记得吃早餐。早一些入睡，记得睡前听音乐、做瑜伽。记得提前完成工作，记住准时到达每一个约会，完成每一个约定。走好脚下的每一步，因为它也是人生重要的组成部分。

最终，你会收获精致的生活，你也会爱上有标准的人生态度，以及你为挑战每一个标准所做的准备。

韦 娜

《年轻人》等杂志专栏作家，曾任意林首席演讲师，现为慈怀读书会文化总监。出版作品《世界不曾亏欠每一个努力的人》《不认命，就拼命》等。

真正的勇敢，是愿意反省自己，并愿意带着过去的自己继续前行。

越是努力的人，越沉得下心来

文 · 李思圆

1

我曾经有一个同学，她高考失利后，并没有太过沮丧，而是以惊人的速度，迅速调整状态，投入到复读中。

她曾形容，那是人生中最艰难的一段岁月。一方面，她要面对来自家人的反对，朋友的不支持，外界的不看好；另一方面，还要扛住来自学习上的压力，不断地查漏补缺，进入疯狂备战期。

整整一年，她每天早上五点半起床，把书藏到被窝里，打着手电筒，一遍又一遍地背单词，一次又一次地记文言文，默写一个又一个细胞结构、光电效应以及化学方程式。

那时四周静悄悄的，除了室友们的打鼾声，她甚至能听到自己的心跳声。当天渐渐明亮，橘黄色的灯光从窗外射进来时，她已经提前预习好了当天的功课。

她每天的大部分时间都用在上课、复习和题海战术中，上个厕所要跑，吃顿饭要抢，走路也像急行军去打仗。

规律、紧凑而又争分夺秒地学习，让她忘了白天和黑夜，忘了周末和节假日，甚至忘了高考倒计时。

后来，她如愿考上了心仪的大学。

我曾问她："难道你就没感到过很痛苦、很挫败，没有担心过万一结果又不理想吗？"

她告诉我："总是感伤于失败的过去，只会徒增烦恼。过度忧虑不确定的未来，也毫无意义。"

唯有沉下心来，不急不躁、不慌不忙，把努力付诸每一个踏踏实实的当下，才可能守得云开见月明。

也许很多人都有这样的困惑，在失败、迷茫、看不到希望时，总是思前想后，既怕吃苦受累，又怕结局不如意。于是在摇摆不定中，既蹉跎了光阴，又没有真正发力。

其实只要你埋下头来，像树木一样，不断地在泥土中深扎下去，一点一滴去耕种，一丝一毫去积累，从量变到质变，不厌重复，不失信心，那么成功就离你不远了。

2

写作这三年以来，我有一个很大的感受，就是那些曾经很优秀的作者，已经在我的朋友圈换了好几拨儿了。

他们其实并不是沉寂了，也不是没了才华，更不是对文字失去了热爱，而是变得浮躁了。

我曾认识一个作者，她从小就喜欢写作，后来因为勤奋和坚持，写出了不少爆文。

最终胜利的人，总能抵制外界的干扰，认定心中的目标，一步一个脚印，不断地前行。

刚开始，她并没有为此骄傲，可是后来，面对金钱诱惑、利益驱使、名气加身，她开始动摇了。

后来她把更多的时间花在了搞宣传、接广告、卖产品中，每天读书的时间少了，练笔的次数少了，甚至原创文章，也找人帮忙代笔。

以前她会把精力放在思考好选题、积累好字句和提升文笔上，后来她每天都绞尽脑汁地去想如何跟上挣钱的风头，如何使平台的粉丝更有黏性，如何做一个阅读量高的标题党。

可是读者的眼睛是雪亮的，时间不长，她就彻底消耗完了资本，也透支了天赋，最后一步一步回到原点，泯然众人矣。

当她回过头来，意识到自己早已偏离了最初的方向时，悔恨不已。

凭她的悟性，如果当初一直认认真真写下去，如今可能已经实现了作家梦。可是这世上，哪儿有后悔药卖呢？

其实成功路上，不仅布满了荆棘，也充满了诱惑。许多人也许可以咬咬牙，从困难中挺过来，却很难在虚名浮利中，坚守初心。

在这个过程中，失败的人，通常总是容易自我膨胀，心猿意马，被眼前的甜头绊住脚步。

最终胜利的人，总能抵御外界的干扰，认定心中的目标，一步一个脚印，不断地前行。

努力就如掘井，只有往一处不断地用力、刨土、深挖，才有可能找到水源。三心二意，浮躁不安，浅尝辄止，最终只会一事无成。

3

有个年长的读者告诉我，他有一个亲戚，小时候家里穷，虽然成绩拔尖，但初中毕业后被迫回家当了农民。

可是他一直很有上进心，人也很勤奋，每天不仅要抓紧时间把地里的活儿干完，还要抽空去拜师学艺。经过两年的努力，他半路出家当起了电工。后来又因为技术好，他被一家工厂录用。

当时他的许多同事，每天上班能少做就不多做，能不担责就不去操闲心，下班回去就打牌、喝酒混时间。

可是他偏偏不，平时在厂里，面对画不出的图纸、排除不了的电路故障、调整不了的线路，无论是求教于人，还是自己钻研，都一定要把它彻底弄懂。

整整五年时间，他几乎是厂里最早到，也是最晚走的人。再后来，他觉得自己已经陷入了瓶颈期，于是报考了成人大专，系统学习电学类的知识。

又过了好几年，他学会了弱电控制强电的复杂电路操作，还考了一个高级技师证书，最后又跳槽到一家大型企业当了工程部总监。

当时他周围的许多同行，都认为他是运气好。

可是没有人知道，在这十几年的努力中，他吃了多少苦，加了多少班，熬了多少夜。

必须坐得住冷板凳，忍受得了孤独，经得起打磨，才有可能取得想要的好成绩。

因为所有光鲜亮丽的背后，都必须历经许多旁人看不见的艰辛；所有被人羡慕的荣耀之前，都要撑过无数默默无闻的时光；所有台上一分钟的精彩演绎，都是台下十年功的刻苦付出。

真正努力的人都懂得，静下心来沉淀，用日复一日的努力和年复一年的精进，一寸一寸去逆袭人生。

4

努力是一件看起来很容易但做起来特别难的事，因为只要你愿意，随时都能立马奋战。但许多人会半途而废，有始无终，前功尽弃。

想要笑到最后，胜在终点，成为赢家，就需要做到下面这三点。

第一，经得起失败。

许多人，在经历过几次挫败以后，就开始瞻前顾后，畏首畏尾，再也不能心无旁骛地去努力。其实只要在跌倒时不灰心、不消沉、不气馁，扎扎实实地去做该做的事、渡该渡过的难关，就一定还有站起来的机会。

第二，受得了诱惑。

前行的路上，总会出现很多障碍，让你感到痛苦。但越过这个坎儿以后，困难就成了垫脚石。

有的障碍会让你暂时感到安逸、舒适、轻松，如果你不慎迷失了心志，那么所谓的捷径，就会成为绊脚石。

第三，耐得住寂寞。

这个世上，从来不缺聪明人，但一定缺那些在看不见曙光时依旧勇敢前行、在迷茫时依旧有拨云见雾的毅力、在艰难时刻依旧能咬牙坚持撑到最后的人。

其实时光从来不会辜负任何一个沉下心来真正去努力

的人。

你只管埋下头、弯下腰，竭尽全力去拼搏，功夫下得够深、时间花得够多时，你想要的美好，终将瓜熟蒂落、水到渠成、如约而至！

李思圆

四川省作家协会会员，十点读书签约作者。文笔有温度、有力量，文风清新自然、朴实真挚。已出版畅销书《生活需要仪式感》。

有梦想，不矫情，你的人生，你说了算。

我矮，
所以你得低头呀

文 · 江罗

1

读小学时，我长得不高，坐在第一排，每天吃着粉笔灰。去食堂打饭，阿姨最先看到的是饭盒，而不是我。同学爱摸着我的头说：“这是我的弟弟。”课间活动，同学们一起玩蹲山羊的游戏，做山羊的那个总是我。

那段时间，因为矮，我成了别人的“玩物”，天天被人欺负。因为矮，别人总是戏谑说，你这么矮，将来能娶到媳妇吗？

因为矮，我常被人取笑，导致非常自卑。

难道矮就可以被人任意取笑吗？

妈妈安慰我说：“你不是矮，你只是发育晚。不管将来怎么样，你都得挺胸做人。人一旦自卑起来，无论你有多高，别人都会觉得你矮。”那时年纪小，所理解的发育晚是我还能长高。

我很羡慕篮球队的男孩，因为他们活在女孩崇拜的掌声里。我在梦里无数次憧憬“哇，你好高呀”的赞叹声，可一觉醒来，还是得接受残酷的现实。

“你这么矮，可以去卖炊饼了”……每每听到这样的话，我的心总是冰冷的。

我长得矮，难道怪我吗？

初一那年，我喜欢上一位女同学。她很高、很丰满，而我很矮、很瘦小。由于自卑，我不敢表达爱意。

有一次晚自习，我传纸条问她：喜欢什么样的男孩？

她说：喜欢体育委员那样的。

我说：为什么呢？

她说：又高又壮的，给人安全感。

说真的，尽管我被戳惯了，磨砺得比同龄人更坚强，但这话从她口中说出，却比成千上万句讽刺更尖锐。如果说别人的话是荆棘，那她的话就是尖刀，狠狠地插进我的心口。

初三那年，她与体育委员走到了一起。两人中考失败后，携手去了东莞打工。之后，我们就断了联系。我不知道她现在过得怎样，但我知道自己曾喜欢过一个人。她留在我矮小的年纪里，落在我干涸的心灵里，仿佛一朵零落的樱花。

我记住了她的美丽，也明白了卑微的含义。

2

那段时间，为了摆脱矮的尴尬，我做了许多努力。我常去操场跑步，有人问我是不是想考体校，我只是笑笑。我努力学习，常挑灯夜战。别人问我：“你是不是想考清华、北大？”

后排的同学不喜欢我，常对我搞恶作剧。每次上课起立时，他们总会把我的凳子抽掉，害我摔跤。老师问我怎么了，我也不敢告状。我的懦弱纵容了他们的猖狂。那段时间，我过得草木皆兵，时不时得注意凳子是否还在。

因为矮，所以我渴望很多。比如说，爱情。但女孩都希望男朋友高大伟岸，我明显不行。

有一次，我跟妈妈诉苦说，我为何还没发育，为何还没长高？妈妈安慰我说："你要相信，迟早有一天你会发育的，会长高的。"

我知道，我再发育也长不高了，因为爸爸、妈妈都很矮。

正因为我矮，腿短，所以在跑步时，我得加快步伐，像阿甘一样，拼命奔跑。正因为我矮，所以我得把胸膛挺起来，这样才不会被人看矮。正因为我有缺陷，所以我得努力去改变，充实自己的精神高度。

仿佛一夜之间，我明白了好多道理。

高二那年，我拼进全校前二十。在别人目瞪口呆的眼神中，我自信亮相。老师们总是开玩笑地说：“你看那匹小黑马又在奔跑。”因为我的优秀，再也没人轻易拿我的身高开玩笑，老师也更加关注我了，后排的同学也不再搞恶作剧了。

我渐渐明白了，你的身高不够，可以用勤奋去弥补。终有一天，别人会因为你的优秀，低下他带有偏见的头。

3

有时候，身体上的矮不可怕，精神上的矮才致命。

我大学有个同学，别人取笑他矮时，他总会暴躁，有时甚至会大打出手，给人的印象就是又矮又凶。我很理解他的感受，为了保护自己，所以狠击别人。

可实际上，这不是在解决问题，而是在制造麻烦。你骂人、打人是痛快了，可有没有想过，这只会让你的人际关系更紧张。并且，这也不能改变别人对你的取笑。当面不敢，那背后呢?

有一次，我提醒他：“你不能这样。”

人总是要学会改变你能改变的，接受你不能改变的。

他撇撇嘴，不服气地说：“那还想怎样？我又长不高了，也就只有这样呀。”

我暗叹：兄弟你是矮，可你不能就这样呀。

有时候，精神狭隘真的可怕，它能让一个矮个子变得更加渺小卑微。你的谩骂只会让朋友走远，让人越来越看不起你。很多时候，别人越看不起，你就可能越自卑，越沉沦。照镜子的时候，你甚至认不出那是谁了。

试问，一个过度自卑的人，生活会快乐吗？

我有一个朋友，比我矮半个头。可与她交往时，别人常忽略她的身高。因为相对于身高，她的修养更吸引人。

有一次，我问她：“你是怎么做到的？”

她说：“首先你得承认自己，剩下的就交给穿衣搭配。如果想让别人忽略你的矮，就得先让别人看到你的美。但并不是所有的好衣服都适合你，你应该选择适合自己的衣服，让你的缺陷成为一种美。”

我的生活圈子里有许多矮个子。有些人，一味抱怨。我有时会出言劝阻，可发现往往事与愿违。他们总会说："你现在这么优秀，当然不在意。"听到这些，我心里总是感到莫名的悲凉：是你自己看扁自己，自己不努力，还怪别人太优秀。这是什么逻辑？

渐渐地，我明白了，身体上的缺陷不可怕，致命的是精神上的残疾。生命给你缺陷不是让你去抱怨，而是需要你去接纳。人总是要学会改变你能改变的，接受你不能改变的。

4

2015 年 9 月的一天，我坐在自习室刷着微博，看见彼特·丁拉基凭《权力的游戏》获得第六十七届艾美奖最佳男配角时，内心感到无比振奋。我看着他站在领奖台上，那张傲娇的满是皱纹的脸，似乎在说："我是矮，所以你得对我低头呀。"

某位记者曾问及彼特的生理缺陷，他表示：“我在小时候就知道自己患这种病，以后不会长高。一开始我很苦恼，也很愤怒，但长大后我意识到生活中要有一点幽默感，要乐观，我患上这种病并不是自己的过错。”

对呀，现实对我们再不利，我们也得让生活乐着过。

2016 年 3 月，我挤在人山人海的求职大军中，矮小的身材几次让我面试被刷。辗转几座城市，来到深圳，最终进入一家 IT 公司。可刚进公司，就遇到许多麻烦。与我同来的有两个男生、一个女生，公司规定最后只能留两个人。孤立无援的我被排挤，因为他们都想先让我出局。

职场如战场，我并未服软。一周后，公司把实习生两两分派到不同的项目组、与我同组的是个高个子。

经理开会的时候，问我俩谁会写支付端口。高个子沉默，我开口说：“我可以尝试。”经理诧异地转过脸来，高个子也满脸不信，嘀咕着说：“就你，能写吗？”

对于他的质疑，我并未放在心上。

那晚下班回家，我马上上网查找资料。经过一夜的调试，最终程序成功运行。第二天凌晨，我把打包文件发到了经理邮箱。

那个项目完成后，高个子被辞退了，我顺利成了公司的培养对象。

我是矮，但这并不意味着我就好欺负。

在转正的那个晚上，我跑到夜市点了一桌子烧烤，喝了三瓶啤酒。我最终明白了妈妈的话："你不是矮，你只是发育晚。"

我不知受过多少嘲讽，被别人丢过多少冷刀子，也不知在多少个不眠之夜里通过努力学习去证明自己。猛然间，我发现自己长大了，长高了。我完成了妈妈口中的"发育"，也明白了妈妈的良苦用心。

多年的经历告诉我，人矮不要紧，要命的是你没有自信。

二十多岁的你应该学会接受不能改变的，还要意识到你所能改变的。如果身高不够，那就用努力去填补。

总有一天，别人会因为你的优秀，低下头认真地注视你。

江　罗

研究生在读，专栏作家。关注个人成长，思维进阶，偶尔风花雪月，谈情说爱。已出版图书《命运从未亏欠过你的努力》。公众号：江罗。

别总念叨自己迷茫了，有志者自有千方百计，无志者只感千难万难。

梦想无须挂在嘴上，付诸行动的人最安静

文 · 小岩井

1

几年前，我在一家日语培训学校当老师，接触到不少形形色色的人。其中大部分都是在校大学生，主要是为了留学或者对日语感兴趣。还有一些职场人士，基本上也是在日企工作或者与日本方面有商务合作等。在这些学生中，老柳给我留下了深刻的印象。

老柳三十出头，是一家酒店的大厨，标准的厨师长相，圆

圆乎乎，满面笑容，很是亲切。

我问他为什么来学日语，他有些不好意思地挠挠头说："以后想开家居酒屋。"

我有些奇怪，说："开居酒屋不需要会日语啊，料理做得好不就行了？"

他更加不好意思了，说："我想去日本专门学日本料理。"

"有那个必要吗？"我好奇地问。

他也没说什么，憨笑道："就想试试看吧。"

于是我也不好多问了。

老柳学习很认真，虽然学习能力不算好，可是只要有空就会待在学校的自修室，跟那些年纪比他小的学弟、学妹讨教疑难问题，非常虚心好学，大家也都很喜欢他。

我之所以对他印象很深刻，是因为有一次在外面吃饭的时候偶遇他，他独自一人在肯德基的一角啃着汉堡包，看着教材温习功课。当我坐到他对面的时候，他很兴奋地表示正好有一个地方不明白，这下有人可以问了。

我回答完问题后，忍不住问他：“你这么认真学日语，如果去不了日本学料理，会觉得浪费吗？”

他笑了笑，挠挠头说：“总要试试看，不行也就认了。反正时间总会过去，不如做点儿自己想做的事。”

他的表情淡然，没有踌躇满志，也没有焦虑不安。梦想这件事在他身上，如此云淡风轻，顺其自然，这让我受到一种莫大的触动。

他这种心态，应该就是佛家所说的“平常心”吧。

也许正是那股触动，让我回去以后好好审视了一下自己的内心：多年来我一直喜欢写作，可是从来没有认认真真、完完整整地写完一篇小说、一个故事。

我的梦想是当作家、当编剧，可是这个梦想听起来太遥远了。在还没上路之前，我就把自己先打败了，所以到头来反而什么都没有写。

于是，我开始调整心态，尝试写一些随笔、读书笔记、短篇小说，对于能否成为作家，能否出名，我不抱希望，只是心无旁骛地做自己想做的事，完成一篇文章，想到一个点子，写出一个小故事。

“反正时间总会过去，不如做点儿自己想做的事。”他的话总会时不时地在我耳边响起。

时过境迁，我已不再做日语老师。因为在网上默默写东西，不知不觉有越来越多的网友喜欢并转发我的文章，后来出版社找到我，出版了几本书，如今的我也开始涉足影视编剧。

当我只是埋头去做，不去计较结果的时候，一切反而朝着最初的目标稳稳地前进。

故事还有一个戏剧性的结局。

前些日子，有个导演找我吃饭谈事情，预约了一家居酒屋。

这家居酒屋在本市挺出名的，听朋友说料理做得特别正宗，价钱又不贵，总是座无虚席，需要预约或排队。

当我进居酒屋的时候，正好和老柳打了个照面，我们彼此都很惊讶。

人是活出来的，不是想出来的。

原来他就是这家居酒屋的主厨和老板，几年不见，他真的实现了自己的梦想，这让我很是欣喜和佩服。他那么踏踏实实地努力，朝着目标一点点前进，终于让梦想照进了现实，这真让我感到高兴。

吃饭的时候，老柳请我吃了他最拿手的天妇罗，还跟我聊了会儿。

他春风满面地说："要不是生意太好，我真想跟老师好好喝几杯。"

我举起清酒杯："该我敬你一杯。在梦想这件事上，你是我的老师。"

2

这些年自己创业，见过太多话说得很满的人。他们要么总是把饼画得很大，一脸亢奋的同时，伴随着焦虑和不安，却静不下心把手头的小事做好；要么就是苦大仇深，牢骚满腹，觉得自己的梦想很伟大，只是现实很残酷，没有足够的资源去支撑。

正应了萧伯纳的那句名言：“人生有两出悲剧，一个是万念俱灰，另一个是踌躇满志。”

其实梦想根本不必成天挂在嘴边，当成兴奋剂一样用来自我激励，那只会让你变得浮夸、焦躁、患得患失。

梦想如果是高楼大厦，那么没有人可以一步登天，你只需安安静静地做好想做的事，一步一步踏实地夯实地基，一层一层往上盖，当你坚持了足够久时，蓦然回首，原来已经离梦想那么近。

容易放弃梦想的人，总是希望看到梦想成就之后的高楼大厦，却无法忍受尘土飞扬的施工现场。

于是畏惧了、逃避了、焦虑了、恐慌了，开始找各种各样的借口，来解释自己为什么没有去。

3

曾国藩言：“天下古今之庸人，皆以一惰字致败，天下古今之才人，皆以一傲字致败。”

有才华的人容易心高气傲，不愿妥协。而才华平平之人容易自怨自艾，不愿坚持，在许多事情没有开始做之前就先自我否定。

梦想是不能挂在嘴上自欺欺人的，若是不付诸行动，不细化为每天点滴的积累与进步，反而会变成自身的阻碍。因为不去做、不去创造、不去学习，你的品位也好，你的才华也好，反而会变成你自我封闭的城堡。也许我们会给自己找无数的借口，没有时间、没有资源、没有机会等等。说得多了，自己都深信不疑。最重要的一点是，要保持平常心，去做你喜欢的、你想做的事。

正如老柳说的那句简朴却一语中的的话：“总要去试试

看，不行也就认了。反正时间总会过去，不如做点儿自己想做的事。”

最可怜的失败，就是根本没有开始过。

这个年代，执着于出人头地并不难，难的恰恰是不执着于出人头地。

人是活出来的，不是想出来的。

梦想从来无须挂在嘴上，下定决心的人总是最安静的。

小岩井

平生三好：猫、酒、书。日语老师、翻译，文化人类学研究生肄业，私人小说写作者。

人的局限不在于周遭人对你的定义，而在于你肯为梦想付出多大的努力。

平凡的生活，总能爆发不平凡的能量

文 · 易小宛

1

大学毕业的桃子到一个陌生的城市打拼，每天没心没肺，从不严格要求自己，她觉得懒散的人生真的好舒服，不想熬夜到满脸爆痘，害怕发际线后移，更不想喝最烈的酒，坐最贵的救护车。

她觉得既然人间不值得，那就凑合生活算了。

有一次，桃子上班穿高跟鞋，鞋跟卡到下水道里，根本不像电影里演的那样，被帅哥看到了来一个英雄救美，人们都匆匆而过，没有时间停下来理会她到底遇到了怎样的困难。最后还是一个好心的保洁大爷帮她把鞋跟掰断，扶她起来。

为了不迟到，也为了省下打车的钱，桃子硬是踩着一只平底一只高跟一瘸一拐地走到了公司，一路上她都觉得自己狼狈极了，觉得别人看她的眼神就像是看一朵奇葩。

那时候，她觉得之前庸庸碌碌的生活辜负的不仅是自己，还有这个世界盛装以待的惊喜。她决定重拾信心，想要变成更好的自己。

生活总有让人笑不出来的时候，可这不能成为我们放弃的理由。

从那天之后，她开始让自己忙碌起来，利用碎片时间充电学习，开阔眼界，努力健身，周末和朋友们一起畅聊或是徒步，用心去过每一天。

开始的时候，桃子觉得跑五百米心脏都要跳出来。可是慢慢地，她觉得自己的状态越来越好，她学会了体验孤独，在黑暗中静候，放下过度焦虑，更好地活在当下。

如今的桃子身材苗条，自信从容，不再消极懒惰。那些在心里枯萎的、她以为永远不会再绽放的花朵，一朵一朵开始慢慢地盛开。

2

已经参加工作五年的和硕特，在 2018 年参加了很多次事业单位考试，中了三次，但都是地理位置有些偏僻的土默特左旗和土默特右旗，由此她被称为“旗县收割机”。

当老师是她的梦想，她也为此一直在折腾着。

她总是笑着对我说：“人生就在于折腾，熬最贵的夜，换最贵的梦想。”

第一次笔试、面试通过时，她正处于坐月子期间，又因为地方偏僻，各种纠结之后，她无奈地放弃了，却也觉得特别遗憾。很长一段时间，她都觉得自己失去了很重要的东西。

第二次被录取的工作地点在土默特右旗，离家有些远，而且那份工作一签就要十年。她想，自己的人生有几个十年，而且还是待在一个并不是很喜欢的地方，所以又放弃了。

第三次被录取的工作地点在土默特左旗，也许是为了弥补自己第一次没去的遗憾，她去参加了面试。可是面试时看到那里陌生的一切，好像都不是她满意的样子，她又选择了放弃。

有时候，她会迷茫地想着自己的三十年，感觉人生奔走于追求别人眼里的那些浮华，而自己又究竟想要什么。

恰好是三十岁，也许还不晚。她的小宝宝出生了，她觉得自己也许给不了孩子无尽的财富，但是要给他做一个榜样，那就是在生活的道路上不断进步，所以她又下定决心选择了考研。

宝宝不满一岁的时候，她白天上班，晚上回去照顾宝宝，等宝宝睡着之后又开始看书，每天都学到凌晨一两点。累吗？她说真累！但是累并快乐着。

不管成不成功，她都希望将来孩子想到或提到他的妈妈时，都是嘴角上扬，以自己的妈妈为傲，并拥有不断向上的精神！

有人说：“平凡的生活，总能爆发不平凡的能量。”

人的局限不在于周遭人对你的定义，而在于你肯为梦想付出多大的努力。充分的准备和不断地自我提升，才能在机会来临的时候变成那个幸运的人。

3

纪录片《生活万岁》里，有一对卖唱的老年盲人伴侣。

中秋节的饭桌上，老头对老太太说：“反正我也没有多少时间了，只要我在，就不能让你自己到处摸，到处买东西吃。我尽量照顾你，人嘛，走到一起有今生没来世，是不是？”

老太太特别感动，但她一直在压抑自己的情感，后来她拿起一块点心吃，并偷偷地哭起来。虽然老头看不见自己的爱人在哭泣，但是他说：“人生是很高尚的，世间有很多生，有牛生、有马生，现在我是人生，人生很难得……”

老太太在卖唱的时候会唱邓丽君的《在水一方》。

生活就是一场逆流而上的旅行，即使他们都已经苍老，即使他们碰杯都碰不到一块儿，即使他们互相为对方拿馒头都拿不到一块儿，他们也没有为此而放弃生活，没有放弃感情，而且依旧喜欢过节，依旧喜欢共同庆祝。

生活中，请给懒惰丧气时候的自己以逼迫，去动起来忙起来；请给完成一项工作时的自己以鼓励，告诉自己真的很棒；请给不开心时候的自己讲个笑话，让自己继续微笑；让疲惫的自己跑步流汗；去遇见一群灵魂相似的人，一起彻夜酣畅，一起交换失落与荣光……

别人喜欢你和你喜欢你自己都很重要，但是，当两者不能兼顾的时候，你喜欢你自己更重要。

相比十年前的自己，我更喜欢现在的自己，时间教会我爱，也让我有了更多的从容和坦荡。

4

有段时间，网上流行“十年挑战”，又叫“岁月对你有多残酷的挑战”，只要晒出自己十年间的变化就可以了。很多人都晒出了自己十年前后的对比照片，可是，岁月好像并没有那么残酷，反而是比十年前拥有更大的魅力和智慧呢。

安妮·海瑟薇说过：“2009年，我非常努力地避免做错任何一件事，现在的我，只做自己认为对的事。”

十年一瞬，那些过往犹如一条湍急的河流，滑过幼稚细嫩的岁月，滑过细腻敏感的心尖，滑过拥挤陌生的人群，然后在我们快要觉得疲惫的时候，散成了明媚的笑容，支撑着我们继续走下去。

相比十年前的自己，我更喜欢现在的自己，时间教会我爱，也让我有了更多的从容和坦荡。

其实生活的美并不是因为它有多么好，而是在尝过很多苦、掉过很多泪之后，依然热爱它。

生命中那些平凡的烟火气息，才让我觉得这是世界，是生活最真实的样子。让我们发现生活之美，并为之驻足，然后拥抱这个世界。

易小宛

做过记者、写过专栏，内蒙古作家协会会员。出版畅销书《活成自己喜欢的样子》《对自己狠一点，才能活得鲜衣怒马》。微信公众号：易小宛小时光。

不怕你失败，就怕你永远留在原地，不肯前进。

人生就是跌倒之后，仍要拼命地奔跑

文 · 夕言

1

从小到大，我有过无数次失败的经历。

高考失利，我上了不理想的学校和专业；因为家人的阻碍，我放弃了自己最喜欢的工作；偷偷学着做生意，可是我做什么赔什么。

每一件事听起来都让人沮丧，但所幸每一件事都有好的结局：在一个不喜欢的学校里，我挖掘了自己做广播的天分；放弃了最喜欢的工作，却也在另一个领域里做得风生水起；投资一次次失败，可留下的经验，成为我日后成功的契机。

很多人问我，“为什么那么幸运，是不是天生好运？”我只是笑笑。因为我知道，所谓好运，不过是 99% 的失败 +1% 的成功；因为我知道，努力了不一定会成功，但不努力就一定不会成功。

人生本就是一场崎岖的苦行，哪有人能永远顺利。不怕你失败，就怕你永远留在原地，不肯前进。

2

前段时间，我认识了一位很棒的企业家。她是某知名品牌的省级总经销商。

初次见到她的时候，只觉得她是一个生意人，大气、谦虚、豁达、果敢。

后来，慢慢熟悉之后，我问她：“您是不是这些年一直都这么顺利？”

她笑笑，轻描淡写地给我讲了自己十年来经历的风风雨雨，听起来就像是电视剧，可她平静得好像在说别人的事情。

那一年，她还年轻，凭着一股闯劲，拿下了这个品牌的全省总代理。刚开始的时候，她的生意特别好。

可是，花开引蝶，树大招风，因为业绩太好，她引来了同行的嫉妒。他们联合安插了一个非常有能力的会计在她的公司。这个卧底潜伏了三年的时间，伪造了很多证据，把她告到了税务局。

那段时间，她过得非常艰难，因为同行们铆足了劲想整垮她，断了她所有的后路。她老公作为法人代表被抓了起来，她一个人面对混乱不堪的局面，不敢回家，东躲西藏。

她说那时候每天都会觉得自己撑不下去了，可是在没人的角落哭完以后，还是要擦干眼泪硬撑下去。终于，她通过一些员工找到了自己公司没有违法的证据。

雨过天晴，经历了磨难后，她更加成熟，也更加谨慎，生意越做越大，日子也越过越好。可就在这时，她家郊区仓库突然着火，准备过年销售的一千多万囤货付之一炬。

她说，那天站在仓库前，看着消防战士们忙前忙后地灭火，闻着货物被烧焦的味道，终于明白了什么叫“欲哭无泪”。

所有人都以为她会被打垮，可她却在大病一场后又一次站了起来。她对自己说：“怕什么，只要我人还在，一切都可以重来。”就这样，她又背负着巨大压力重建仓库，借钱调货。

为了省钱，她每天都在临时仓库和工人们一起搬货，和销售人员一起上街出摊推销。

我问她是什么支撑她走下来的，她看着我说：“我要是倒下了，那些想害我的人岂不是很开心？我想跑得快，一定会摔得狠，所以我要更努力，只为了让那些坏人跟不上我的步伐。”

果然啊，强者不是没有眼泪，而是在含着泪奔跑。

强者不是没有眼泪，而是在含着泪奔跑。

3

可能是因为我常写文章，我身边的人都喜欢在遇到困难和抉择的时候来和我聊聊。我很少给出决定性意见，但会鼓励所有人去尝试自己想做的事情。因为我觉得，那些蠢蠢欲动的小心愿，必须经历过，才能知道是对是错。

就算失败了，也没什么，毕竟只有经历过失败才是真正的赢家，汲取了失败的教训，才会懂得成功的真谛。

那么你呢？你有什么未完成的心愿以及一直不敢去做的尝试吗？不如从今天开始放手一搏：想学跳舞就去学，不要担心肢体不协调；想学乐器就去学，不要在乎年龄大小；想上学就去上，不要觉得已经过了学习的黄金期；想要创业就去闯一闯，不要害怕失败后再也没有机会。

人生本来就是一个不断试错的过程，当你还有资本和勇气去试错的时候，你应该感到开心，因为只要一直在努力，你就有成功的可能。

一定要记得，所谓的完美结局并不包括完美的过程，所谓幸福的结局，就是抱着永不放弃的希望，继续前行。

夕　言

专栏作者，资深情感主播，微博认证音乐人。对世界充满好奇，用十年的时间讲故事给你听的大龄少女。已出版《你的余生，与我有关》。

人生本来就是一个不断试错的过程，当你还有资本和勇气去试错的时候，你应该感到开心，因为只要一直在努力，你就有成功的可能。

你只需努力蝶变，时间会给你答案

文 · 倾心蓝田

1

有一位尚在实习期的读者联系到我，焦急地问：“如何才能更快速地进步呢？看着公司里能够独当一面的优秀前辈，望着每天都在快速进步的同龄人，我越来越急躁，完全无法安下心来学习岗位技能。”

在他看来，如何更快速地进步是他想要解决的问题，而在我看来，他最大的问题是过于急躁。

不只是这位实习生读者，很多年轻人都不能脚踏实地地做事，容易浮躁。

很多时候，我们无法安下心来做事，反而寄希望于被幸运砸中，而后一步登天。于是总能看到很多人在股市、比特币等自己并不熟悉的领域投机，试图一夜暴富；也总能看到很多年轻人盲目报各种线上培训课程，试图通过短期学习摇身一变而成为一个有各种技能的人。

殊不知，梦想这件事，永远都是“欲速则不达”。

有人说，梦想还是要有的，万一实现了呢？但更多的时候，我们只是空有梦想，却毫无计划，一边幻想着梦想实现后的场景麻痹自己，一边又看着身边那些不断进步的朋友，在对比之下焦虑度日。时间一天天过去，才发现虚长了年龄，却毫无收获。

微博曾经有个热搜话题：你与五年前的自己最大的不同是什么？

评论区热闹非凡，一条条看下去，发现前排留言大多是：

比之前年长了五岁。

不如以前开心。

懂得了更多人情世故，却依然不够成熟。

显然，这些人对自己过去的五年并不满意，也有人的回复很让人振奋，比如：

五年前只是热爱画画，而如今我能够用画笔养活自己了。

五年前我依靠爸妈，今天我成为爸妈的强大后盾。

五年前我空有梦想，而今天的我，终于拥有了将梦想实现的资本。

时间对每个人都是公平的，不多一分，也不少一秒，但几年过去，每个人的得失却不同。每个人都有做梦的权利，却并不是每个人都能将梦想实现。如果留心观察，会很容易发现：那些最终实现了梦想、过上自己想要的生活的人，都有一个共同特点，那就是不急不躁，从不将梦想挂在嘴边，而是默默践行，将一切融入生活日常，直到一切美好如期而至。

2

人都是群体动物，免不了会跟圈子里的人对比。于是在社交网络无比便利的情况下，我们总是能够看到身边的同龄人快速发展着：某某公众号写出了 10 万 + 的文章；某某辞职创业组建了小团队；某某薪资一年内涨了三倍……一时间，似乎全世界的人都已经功成名就，只有自己还灰溜溜地在原地踏步。

要知道，任何人的成功，都不是一蹴而就的，你所看到的只是他们的成功，却没看到他们背后的辛苦与努力。所谓厚积薄发，对任何人都适用。

有时候，看起来最慢的路，才是最快速的捷径。

豆瓣上有位我很喜欢的作者，因为拍摄父母的日常生活而走红，人称“饭叔”。

要尽全力保护你的梦想。

两年前，他只是一个热爱摄影、喜欢记录日常生活的普通人，但因为坚持摄影这件事，他发现了自己的另一个爱好：拍摄纪录片。不会剪辑、对导演和拍摄等知识了解甚少的他做了一个出乎所有人意料的决定：在北京郊区租下了一个院子，潜心学习拍摄纪录片的相关技能，其间断网并断掉一切社交，只安心学习。

很多人不理解，万一好不容易积累下的粉丝因为他不再出现而淡忘了他呢？万一他研究了许久，却依然没有任何成果呢？

有梦想又愿意为梦想而努力的人，总能在不经意间给人惊喜。过了两年时间，“饭叔”重回豆瓣，并更新了他的近况：

两年前，我想让自己沉下心来做一件事，给豆瓣上的自己写了一封暂别信。此后我足不出户，断掉了网络，拒绝了所有社交，开始学习电影剪辑。我每天与清风明月为伴，看花草解忧，闷了就站在门口看看天，每天工作十六个小时。那时并没有考虑太多将来。明天就要去金马了，回首这两年多的时光，像一场梦。

他拍摄的纪录片《四个春天》，获得了金马最佳纪录片提名！

看到这个消息的时候，我真的很感动。生活与梦想，果然不会辜负用心对待它的人。

“饭叔”的这段感慨，对我触动最深的是：“那时并没有考虑太多将来。”这大概是急于实现梦想的人最缺乏的心态吧？因为不考虑将来，反而没有任何负担，只管走好当下的路，而梦想的实现，只是时间问题而已。

3

无独有偶，两年前我尚在职场的时候，认识了一位在工厂做普工的男生。与其他流水线工人不同，他的梦想是做一个互联网交互设计师，当他聊起梦想时，身边的人都在嘲笑他，一个资历一般、学历一般的人，还幻想进入互联网行业？

但那时候我却坚定地认为，终有一天，他会站在与那些工友不同的高度去面对未来的生活。因为在与我聊梦想的时候，他已经学会了基本的制图软件，还为自己规划了一条严密的学习路径。

我们很少联系，但每次他有了重大进步时，都会通过微信向我报喜，所以我一路看着他从工厂的普工，通过面试进入了一家不知名的公司做封面设计。过了大概半年，他又跳槽进入一家中型企业做设计师助理。前不久，我翻他的朋友圈，突然发现他已经是这家公司的一个主管，并且在招聘自己的设计团队。

好奇心驱使我主动联系了他，询问后才知道，因为他的努力与坚持，公司与他签订了一份五年工作协议，并因此给予了他交互设计师的培训机会。

认真学习的他专业技能提升很快，公司刚巧上线新项目，便让他主导去建立新的设计团队了。

除了恭喜，更多的是感动于他的不懈努力与坚持，我曾问他："你曾经所在的圈子都不看好你，在大家都质疑你的时候，你就没怀疑过自己吗？"

人的一生那么长，任何人的成功，都需要不断地积累和沉淀。

他发了一个笑脸，又截了一段《当幸福来敲门》里的台词给我：

要尽全力保护你的梦想。那些嘲笑你的梦想的人，必定会失败，他们想把你变成和他们一样的人。我坚信，只要我心中有梦想，我就会与众不同。

若是了解两年前的他，你一定会惊讶于现在的他。曾经那个不自信，聊起梦想会羞涩的他，已经成为现如今中型公司的管理层，就连说话办事，都有了更多的底气和自信，而这一切，都是他默默努力的结果。

再没人敢嘲笑他总是在做不着边际的梦。

4

我们这一代，赶上了社会、网络、信息都快速发展的时代，于是我们总是在急躁。二十几岁，就恨不得拥有四十几岁的经验和财富；尚未积累太多职场经验，就想着有一天能够创立一家公司做CEO；工资还没太大涨幅的时候，就幻想着什么时候能够提前退休。

一生那么长，任何人的成功，都需要不断地积累和沉淀。二十几岁就功成名就的人是少数，若要将梦想变成现实，最快速的方式便是认清自己，坚定信念，而后脚踏实地去计划、去实施。不要跟周围人对比，而是更多地关注自己的内心和进步。

要知道，梦想绝不是挂在嘴边上跟朋友吹牛、炫耀的资本，而是你前进的目标和动力，只有将梦想融入生活，真正做到沉下心来，才有可能在未来的某一天，与自己的梦想不期而遇。

倾心蓝田

作者，书评人。作品《踮起脚尖，只为离世界再近一点》。

为梦想而战，总会遇见光明。

梦想
不可欺

文 / 李泽鹏

这个世界上没有人愿意自讨苦吃，但在学艺术的道路上，我每天都在“自讨苦吃”。

忘记了从什么时候起，我特别向往北京，考到北京成了我的一个执念。

可后来我才知道，北京的播音院校很难考，专业课很难，文化课分也很高。

当初也不知道我从哪里来的勇气，学专业的第一天就认定要考中国传媒大学。我把这个想法告诉专业老师，希望寻求老师的指导。

“老师，我想考到北京！”

“很难，北京只有中传和女院招播音主持专业。”

“那我就考这两个。”我斩钉截铁地答道。

老师迟疑了一两秒，缓缓地说：“那你试试吧……”到现在我还记得那位老师说这五个字时的眼神。

老师这样委婉的回答不无道理，我的条件不算好：个子不高，声音也很飘，顶着非主流的爆炸头，唱歌跑调，跳舞四肢不协调，那个时候还只会在QQ空间上用火星文写“爱我的人‘请继续’，恨我的人‘别放弃’”。当时谁都不会觉得我适合学艺术和播音主持，也就我妈“慧眼识珠”。

俗话说“年少不可欺”，为了向那个不屑的眼神证明，为了我心中的北京，为了证明我妈的判断没有错，我开始认真规划我的艺考之路，首先从剪掉爆炸头开始……

金牛座的我，做事一向执着。这可能是我性格里最好的一点，也是最坏的一点，因为执着的背面是固执、钻牛角尖、不懂变通。没上几天，我就离开了那个艺术学校，开始找老师上小课。

第一个小课老师是中传的研究生，我告诉她我想考北京的学校，她不仅没有嘲笑我，反而告诉我中传的美好，那里的老教授有着怎样的风骨，以及更多让学校骄傲的校友的名字，这一切都让我对中传更加向往。

第二个老师教我什么是朗诵，什么是播音与主持艺术，又带我认识了在“齐越节”获奖的师哥们。她鼓励我努力考上中传，但也告诉我，想考中传，我现在的专业水平还差很远，必须加倍努力。

喜欢胜过所有道理。当我渐渐爱上播音以后，我发现自己的专业问题越来越多，字怎样才能咬得住，气息怎样才能沉下去，声音怎样才能更好听……这些问题一个老师解答不了，我就跑去别的老师那里求解，直到完全搞明白。有时候，老师在课堂上不经意的一句话让我心存疑惑，课后我就去找老师寻求答案，老师也只能用“这是一种感觉”来回答我。即便是这样钻牛角尖，也没有一个老师烦我，他们说，一个人坚定的样子是最打动人的。

在白龙老师的一次课上，他与我们聊起了著名播音员、主持人的籍贯。大概说到，因为北方的语言优势，著名播音员中北方人偏多，而北方人中尤其以东北三省和甘肃为主，其他地方受到方言影响，播音员、主持人质量不高。我随即好奇地提问，山西有哪些受方言影响的语音问题？白龙老师解释说，山西方言问题很多啊，比如说前后鼻音不分，让普通话听起来很土，你看山西也没什么著名的播音员、主持人啊。说者无心，听者有意，白老师这样的回答让我的脸不禁烫了起来，当时的我就下定决心，要努力成为山西籍的优秀主持人。

在北京学习的日子里，我从老师们那里得到了强大的理论支持，每天抱着王峥老师的《语音发声科学训练》，一个字一个字地念，不懂的就上网查，终于一点点搞明白了播音发声和普通话的理论基础，也了解了很多之前搞不懂的内容，基本功得到了飞速提高，直到现在我都特别迷恋播音发声和普通话的理论研究。

其实播音学习的基本功非常简单，就是语音发声，分为普通话语音（教你如何学习普通话），还有播音发声（教你怎样练就一口播音腔）。普通话语音分为四个部分，分别是声、韵、调、变。而播音发声也分为四个部分，分别是口腔控制（口部操）、喉部控制（声音弹性）、气息控制（声音低沉）、共鸣控制（声音好听多变）。也因为对语音发声的喜爱，我的本科毕业论文的研究方向是《晋语长治小片语音研究》。我考进中传的第一件事，就是找到王峥老师，请她在那本我看了两年的书上签名。王老师写道："请李泽鹏同学指正。"

慢慢地，我对自己的专业水平有了正确定位，除了基本功之外，我更需要向考官表达我的独立思考：对新闻稿件的理解和对新闻事件的关注。但我的缺点也很明显：很多话不知道该怎样表达，基本功太差，普通话不标准。

结果的成败不是执念的力量，执念的力量在于过程。

于是从北京回来后，我每天早晨都练声，用一本订错本记录下问题。每天坚持练习十篇评论、播二十条新闻、分析两篇散文。因为镜头感不好，我便拉着姐姐用数码相机帮助我练习上镜，每天五条。就是在这日复一日的枯燥训练中，我的专业能力不断得到提高。

其实我不算是最用功的，同班考进来的同学都有类似的学习经历。入学第一名的同学更是比我的练习量大两倍，他甚至能非常准确地控制三分钟内容，一秒不多，一秒不少。

专业的教育加上自己的努力，当初老师眼里的“非主流”也变成了“种子选手”。

虽然过程中免不了摸爬滚打，但我还是要感谢自己的坚持，以及帮助自己的老师，正是这些老师的鼓励和教导，让我在濒临放弃时重新燃起希望。

执念是一件可怕的事情，有时脑子里不经意间闪过的一个念头，立志去完成，日思夜想，身体力行，你会发现如有神助，事情也就办成了。人们管这叫作“信仰的力量”。但若是有这样的执念都没有成功，世人就会说你是妄人夸下的海口。这是“成王败寇”的结果导向，失败了，无须辩驳什么。在追求自我价值的路上之所以走得辛苦，是因为你以为自己值五十块，实际上别人只愿意给你三块。

结果的成败不是执念的力量，执念的力量在于过程。

第一年艺考，我虽然心中想着要考到北京，可为了谦虚，逢人便说能上二本就满足了，结果真的收到了一个二本大学的录取通知书。

第二年，我告诉所有人我一定要考上中传，最后真的被中传录取了。

刚毕业时，我在微博上发布“五年五十城”的计划，很多人质疑一年走十座城市的可能性，如今我已经提前两年完成了目标。

知乎上，一个人给自己的四年大学生活定了目标：要见一百个行业领军人物，要读一百本书。当所有人都觉得不可能的时候，他完成了。

不要在乎别人的非议，积累本身就是力量。

谁都没有办法预知未来会发生什么，但我们可以选择就此放弃还是忍痛前行。

李泽鹏

毕业于中国传媒大学播音学院。出版畅销书《这个世界终不会辜负努力的人》。

不要在乎别人的非议，积累本身就是力量。

成年人的哭声
都是“振动模式”

文 · 林一芙

1

前段时间，我们公司市场部招的一个小姑娘，把项目细节做得一塌糊涂。在公司活动上，她被部门主管委婉批评，但大家并没有把这件小事放在心上。

活动结束后我进洗手间，听见隔间里传出低低的啜泣声。从哭声里听，对方显然想要压制住这哭声，可伤心和委屈一股脑地从喉咙喷薄而出，不能自控。

不一会儿，我看到小姑娘从隔间出来，眼周红了一圈。

有一句话在网络上流传很广：“成长就是把哭声调成静音模式。”我猜这个初出茅庐的小姑娘一定是铆足了劲，向所有人隐藏了自己的焦虑。

人成熟后，见证自己一路泥泞而来的只能是老朋友——而对任何新朋友，则开启了选择性可见。

可是我发现，哭归哭，小姑娘在工作上还是没有什么进展。她努力保持情绪饱满，可实际上忙碌的工作状态却是“无头苍蝇”式地乱撞。

事实上，成长不是把哭声调成“静音模式”就可以了，自带“振动模式”的哭声才是成长的开始。

2

我对她的理解大概是因为我自己也经历过这样的瓶颈期。

我的职场生涯在二十六岁之前变了三次，瓶颈期也度过了三次。

我和那个实习生没有太多私交，否则我真的很想坦诚地告诉她，那段哭过、埋怨过、焦虑过的日子，我是怎么度过的。

毕业后，我转行做媒体，在一家门户网站做渠道拓展。在这个岗位上，我很快“收获”了第一个瓶颈期。

带我入行的老师对渠道拓展非常有兴趣，连额外的时间都用来应对客户，但我总是不太适应工作节奏，缺乏主动学习的精神，浅尝辄止。

那个阶段，人生就像突然倒塌的大桥。我试图用旅行的仪式感来洗刷沮丧，但每一次旅行回来，生活好像并没有任何变化，我仍要面对鸡飞狗跳的工作与生活。

好在那时候我有机会参与内容制作，使我意识到我擅长的并不是“渠道”，便试着将工作重心往我擅长的领域调整。

这个改变，让我定下了深入发展的小方向，把自己推上了一条正确的路。

后来，我遇见过很多半路出家的作者，他们都曾有过瓶颈期：有人在家带孩子，无意间听到孩子说“我长大以后也要成为妈妈，因为妈妈不用工作也不用上学”。那天晚上，她看到身边熟睡的孩子，意识到自己不能给孩子做一个无所事事的“坏榜样”，翌日就试着提起笔，重拾了年轻时写作的初心；有人在大专读汉语言文学，被人形容“毕业就失业”。本来也甘心混日子，却在喜欢的杂志上看到招聘编辑的启事。他想着“就算没机会在喜欢的杂志社工作，能给它投个简历也好”，从此每天早晚抽出时间读书、写文章。毕业时，他真的积攒出了精彩的作品，虽然没有进入理想的杂志社，但也谋得了一份好工作。

如果他们光顾着沮丧，光顾着“调低哭声”，没有迈出至关重要的那一步，可能现在还在原地踏步。

挫折是很有用的，就看你如何看待。在调整情绪的同时，更应该做的是找到合适你的方向。

没有“忍一忍就过了”，只有“试一试才知道”。人要像一个拿着糖葫芦的小孩，边哭边咬一口梦想，再往前走两步。

哭声不能随着成长喑哑，而应该引起共振，这样的挫折才有意义。

3

有多少没有困境的人生呢?

当你度过困境，你会发现迈过最难一关的不是习惯了、适应了，而是——“改变了”。

我记得很早以前看过一个故事，关于日本作家松浦弥太郎。

松浦弥太郎高中未毕业，就一个人远赴美国等地游历闯荡。日子太苦，他在漂泊的孤独中开始思考自己的内在。

他汲取着异国独特的文化气质，按照自己的步调，一步一步实现了他开书店的梦想，后来成为日本老牌生活杂志《生活手帖》的总编辑，同时也成为优秀的书商、作家，所著图书进入多个国家畅销书排行榜。

改变是怎么开始的呢？松浦弥太郎曾写下自己的答案：

在自己擅长的领域深入下去，不断磨炼、挑战。谁都有一两件擅长的事，深入学习和练习，使之更为精湛，才能培养出“个人专长”。

你所认为的微不足道的改变，可能在最后改变了你的普通。

4

成年人的哭声从来不会静音，只是这种声音只有自己听到而已。

小时候，看动画电影《宝莲灯》，最喜欢沉香身边的小猴，也期待自己未来的人生有一个持之以恒的灵魂伴侣。

这几年，再看《宝莲灯》，最感动的却是故事结尾，沉香终于找到了母亲。

“妈妈，我长大了。”他说。

不诉一路离别苦，却轻描淡写。但张信哲的《爱就一个字》恰到好处地响起：“我为你翻山越岭，却无心看风景。我想你，才鼓足勇气……”

只有经历过的人才知道，是那些日后不再提起的哭声和挫折，铸就了今时今日的自己。

有句话这样说——“未在午夜梦回时哭过的人，不足以话人生。”

大声地哭，也大步地走吧。每一声哭都有力量，它是一阵风，随手一吹，便吹出一片心上的涟漪，逐渐化成翻山越岭的勇气，别人听不见，唯有你最清楚。

我不祝你一路顺遂，因为我知道这概率微乎其微。只愿你的每一个挫折都值得，每一声哭都以微笑做结尾。

林一芙

医院里面拿过刀，全国剧场巡过演，仍愿在平凡生活里拣些细碎故事。著有《姑娘，你有权活得体面》《没有一个梦想能纸上谈兵》等畅销书。

哭声不能随着成长喑哑，而应该引起共振，这样的挫折才有意义。

以大多数人的努力程度，根本轮不到拼天赋

文 · Meiya

我最近在上一个进修课，班主任对我们说：“考试之前，我就有预测，那些每次上课都来的学生都会考过，那些每次来还坐前排的学生中有很多会考优秀，而那些经常不来上课或迟到、早退的学生中肯定有许多人考不过。考完，成绩出来，果然跟我预测的一样。”

我心里想：老师，这不叫预测，这叫普遍规律。如果经常不上课，考试还能拿优秀，那就是个天才，课堂上的知识早就学会了。通常情况下是要考试了，经常不上课的你临时抱佛

脚，死记硬背，考了个及格。如果你真拿了优秀，要么是你偷偷在课外用功，要么是试题实在太简单了。

最近我在思考一个问题：是什么造成了人与人之间的差异？

我所在的班级每周六早上八点半开始上课。最初的一个月，我每次都匆匆忙忙地踩着点进教室，心中带着焦急和不安，可是每次进了教室后我都很得意，因为准时的学生不超过二十个，我总是属于那群准时的少数者，大多数人都是九点后才到。

后来我渐渐适应了，能够提前六七分钟到课堂。可是我发现，全班五十多个学生，能按时上课的越来越少了，只有十个人左右。有个男同学让我印象深刻，因为他是班上最早到的学生，可是他说他仅仅提前十五分钟而已。

上了三个月课后，我更得意了，因为我发现不迟到、不早退，每周都坚持来上课的学生不足十人，而我却是其中之一。换句话说，三个月来，全班五十多个人，有四十多个人做不到每周按时上课、按时下课。这个发现令我大吃一惊。假设这是个课堂纪律的比赛，你只要做到每周按时上下课，就能打败其他四十位竞争者了。

我认识一个1994年出生的朋友，他毕业于普通的二本院校，毕业之际他跟另外六个人一起在某单位实习，两个月后只有他被留下来了。我问原因：“你有什么比别人更强的地方？”他说：“我也不清楚。”我继续追问：“你再想想。”他说：“因为只有我准时上班。”我不信。他又说：“那就是邮件格式写得更对、更少错字，读起来让人更明白。”这一回我信了。因为我对此深有体会。自从上豆瓣以来，我至少阅读了上千封咨询邮件，书写格式正确、分段清楚、没有错别字、叙事有条理的邮件只有寥寥几封，大多都是一段到底，标点混乱，表达不清，主题不明，短短三行就有两个错字……常常让我看了头昏脑涨。因为混乱的邮件看多了，偶尔看到一封格式正确、表达清楚的邮件我都会激动得想流泪，赶紧想着怎么回复对方。如果你是我，你会更愿意回复怎样的邮件呢？当然是那些看起来更舒服的邮件。

人与人之间的差异大多是在一些细节和简单的小事情上。

相信很多人的高中语文老师都教过他们怎么在高考时多拿五分。我的老师是这样说的：保持卷面整洁，不要过多涂涂改改，错了画两条线就行。写作文的时候字迹工整，分段清楚，整张考卷看起来清清爽爽，印象分就可以多五分。他还补充道：想象你们自己是阅卷的老师，六七月的酷暑天气，看到脏兮兮的卷面，潦草的字迹，心情会怎样？

我自己组织过几次活动，要给活动成员发短信，一下子能让我记住的人是那些短信品格好的人。什么叫短信品格好的人？就是每次收到短信都能够及时回复你的人，他会很快给你回应“收到”“好的，谢谢”。相比那些收到短信后半天不吭声，也不知道他看没看到的人，我更喜欢那类短信品格好的人。与之接触，我会注意自己的短信品格如何，从他们身上学到一些之前不懂的东西。

出了两本书后经常被问到一个问题，让我非常厌烦。很多人觉得我很神奇：“你是怎么做到一边上班一边写书的？”

一开始我都老老实实地回答：“没什么啊，有时下班没什么事情，就写一两个小时的文章，慢慢写就写成了。”

我说完，很多人还不信，觉得我一定是头悬梁，锥刺股，苦苦干了九九八十一个月才写成了一本书。

后来，再有人问我，我只好说：“我写书的时候非常非常非常辛苦！”

讲了这么多，一句话总结：以大多数人的努力程度，根本轮不到去拼天赋。

据说有一个调查实验，问：“如果数学不好，能不能学好计算机程序处理？”

结果百分之七十多的人选了不能。然后一个教授总结了这样一句话：很多人以为自己与他人拼的是吃苦和天赋，其实拼的只是一点点认真、一点点细节、一点点本分，连勤奋都谈不上。

在你的周围，懒汉实在太多，你只要做到基本的勤劳，就可以致富了。

我收到过非常多抱怨的邮件，他们有的抱怨工资待遇太低，有的抱怨工作内容琐碎，有的抱怨社会不公，有的抱怨家庭环境不好，有的抱怨自己学历不够高，有的抱怨干的不是自己喜欢的事情；还有的邮件三行两个错别字，一段话两千字，还会加注“特急”字样。这些人中，有多少人是做了自己应该做的事情，并把它们做好了呢？

一个人可以永远不满足于现状，但要安于现状。简单来说，做什么事情，都要敬业一点儿，守好自己的本分，把该做的事情做好，而不是连最基本的工作都没有做到，却用那些虚化的平等、华丽的梦想、社会的不公、自己没有天赋等为自己不能成功找借口。

一个人如何从竞争中脱颖而出？其实非常简单，要做的事情大多是一些小事情，甚至是一些非常本分的事情。

人是通过细节和小事展现自己的。人与人之间的差异大多是在一些细节和简单的小事情上。所有干大事的能力也都是从小事情上生发而来的。有时成功并没有那么复杂，做好别人没做到或者忽视的小事，你就赢了。

所谓细节决定成败，这是不变的真理。做学生时，做到准时上下课，按时完成作业。毕业面试时，穿不起名牌衣服，就把自己打扮得干净清爽，做到准时赴会。工作后写邮件时，注意书写格式，分段清楚，意思表达明白。老板安排事情时，多问几句，问清楚再行动；老板要求你汇报工作时，及时给予回应。上班的时候少打游戏、少逛淘宝，多琢磨琢磨怎么把事情做好。下班的时候少看几集连续剧、多看几本书。周末大家都在吃吃喝喝和睡懒觉时，到公园里跑跑步、锻炼锻炼身体。做到这些，你的机会自然就会多起来，命运也会慢慢改变。

不要看不起小事情，生活本就是一件件小事的集合，坚持做好每件小事你就能过好自己的生活，改变自己的人生。如果更进一步，你除了做好自己的本分，还能将每一件小事情做到极致，就像庖丁解牛，你觉得未来会怎样呢？

电视剧《士兵突击》中有句台词：他做的每件小事就好像抓住一棵救命稻草一样，到最后你才发现，他抱住的已经是参天大树了。

Meiya

畅销书作者，心理咨询师。已出版《慢慢来，一切都来得及》等多部作品。微信公众号：meiya。

不要看不起小事情，生活本就是一件件小事的集合，坚持做好每件小事你就能过好自己的生活，改变自己的人生。

总想找到正确的事，不如先正确地做事

文 · Jenny 乔

1

最近几年，身边的年轻人压力都很大，房价越来越高，薪水却没涨多少。肚子变大了，头发变少了，可拼命努力，一年到头也没什么成绩能给自己交代。再看看同龄人，不知不觉就甩掉自己几个身位。

有一次，有朋友聊起“2019 互联网校招高薪榜单”，无一例外，大公司都青睐算法工程师、安全工程师这些技术岗位，薪资也都很诱人。

于是，初入职场的 90 后们纷纷感叹：“都怪自己当初选错了专业。”人到中年的 80 后也跟风吐槽：“都怪自己当初选错了工作。”

我们总以为有一件事是无比正确的，只要在这件事上坚持，就能找到想要的成功。

高考填志愿的时候，我们都想把准时代脉搏，找到大趋势下那份“更容易成功的专业”。进入职场，就期望能选择正确的方向，找到有发展前景的工作。

只是那份所谓的“正确工作”，真的能找到吗？

2

工作没有对错，差别是你怎么做。

这些年，很多人提到“风口上的猪”，有时虽然嘴上不承认，可选择的时候，还是力求找到更有发展前途的行业，能够借助风势扶摇直上。

表妹当年报考经管专业，正是每个人都在谈论股票、投资、金融的时候。本以为毕业后就能进入银行体系，却没想到暴增的同类毕业生让本科的她完全丧失了竞争力。

还好，“出国热”又紧跟着兴起。她赶紧报了个雅思班，想着拿到证书后就能到培训机构谋个差事。无奈语言不是她的强项，勉强及格后，还是不能胜任“高职”。

近两年的直播风潮，也迅速刮到了紧跟潮流的她身上。表妹赶紧辞职购齐了各项设备，无奈至今只有一千多粉丝，礼物也是寥寥可数。

她现在很迷茫，换来换去也没跟上“风”。到底怎样才能找到“正确的工作”，获得行业发展红利?

日本“经营之圣”稻盛和夫先生刚毕业的时候去了家濒临倒闭的企业。同期入职的大学生都相继离开了，他却觉得如果仅因为“行业不景气”就辞职很不妥当，就决定先埋头工作。

在这家公司，他的工作任务是研究尖端的新型陶瓷材料。

没想到，就在拼命完成工作内容的过程中，稻盛和夫一次又一次取得了出色的科研成果，成为当时无机化学领域的新星。

管理大师彼得·德鲁克曾这样定义“决策”：决策是一种判断，是若干项方案中的选择。所谓“选择”，通常也不是“对与错”之间的判断。

没有哪个选择能够预判成功，失败也并不是选错了行业，而是你不肯认真做。

其实仔细想想，在把一份工作真正做好之前就盲目调转方向，或许是一种逃避。

3

别用“喜欢”来定义正确。

这些年，很多人说，要选择自己喜欢的事，理想大过天，可往往做着做着才发现，当初的选择，如今看起来好像也没那么喜欢。

没有哪个选择能够预判成功，失败也并不是选错了行业，而是你不肯认真做。

卡尔·纽波特在《优秀到不能被忽视》里讲过这样一个故事：哲学和神学双学士的托马斯，一直觉得禅修是获取人生意义的关键。即使迫于生计，从事过各种职业，最后还是选择了到寺庙修行。

经过一年多的修行，他成为了真正的禅修者，却没有感受到幻想中的平和，甚至和当初不断换工作时的自己一样没有幸福感。

此刻他才对自己的职业生涯有了一种新的认识。

真正做了自己最热爱的事情后才发现，从前不过是自己一厢情愿的执念罢了。

喜欢一件事并不能带来持续的快感，你得学会如何面对并不那么喜欢的事。

《亲爱的客栈》里，曾经有个弹吉他做音乐的姑娘向大家哭诉："虽然很热爱音乐，但是它没办法养活我，所以打算放弃了。但是回家找份普通工作，又让我心有不甘。"王珂并没有安慰她，而是直言："怎么没办法养活了？你留过学，还一身潮牌，我一直觉得是你生活得太奢侈了！”

对热爱的工作都没办法做出些牺牲坚持下去，这份热爱不过是心血来潮罢了。

4

把工作做到极致，才是最正确的事。

“人生 99% 的事情是我们无法掌控的，唯一有决定权的就是态度。”

日剧《校对女孩河野悦子》的女主，热爱时尚行业，所以面试出版社也是希望能够成为时尚编辑，谁知却被派到了最无趣的校阅部门。

凡事都要刨根问底的河野悦子并没有消极面对工作，而是自创了一套独特的校阅方法。学妹看着总是干劲满满的她，丧气地说：“并不是每个人都能像你一样，有想做的事。不咸不淡工作着的大有人在。”

学妹以为河野悦子是抱着可以调部门的心态，才如此积极地去工作，河野悦子却告诉她："你不能享受工作，是因为你从来就没有打算去享受吧？不仅是工作，人生也是，当你觉得无聊的那一刻就变得无聊了。能不能乐在其中，取决于个人心态。"

耶鲁大学组织行为学教授艾米·瑞斯奈斯基一直在研究人们是如何看待自己的工作的。

她说，激情其实是精通的副产品。觉得自己工作很快乐的员工，不是那些通过激情找到工作的人，而是那些工作很长时间并且擅长自己工作的人。

许多把工作做到极致的工匠，起初或许只是职责所在，经过长期磨炼后也就真正地爱上了自己的职业。

网上有这样一句话：如果你不喜欢现在的工作，要么"滚"，要么"狠"。也就是说你要么具备辞职后找到更好工作的能力，要么就严格要求自己，改变对待工作的态度。

自己眼前的事还没做好，却总是这山望着那山高，有所作为就是白日做梦了。

行业前景不佳并不影响你个人工作能力的提升，而个人兴趣更是转瞬即逝的感觉。

别太执着于找到正确的事，每一份平凡的工作都能做出不平凡的成绩，最终决定一个人成就的是他做事的方式。

Jenny 乔

自由撰稿人。用女人的方式生活，用男人的方式思考。理性成功，感性成长。微信公众号：Jenny 乔。

把工作做到极致，才是最正确的事。

永不放弃，才是对平凡生活最好的赞赏

文·景天

1

学舞蹈专业的可儿和男朋友在大学里是最让人羡慕的一对儿。可儿漂亮，身材好，男友又高又帅，两个人都很优秀，每次都是学校各类活动的主持人。

可儿以为，她和他的爱情一定会走到最后，可是在毕业之后，男朋友选择出国，向可儿提出了分手。

无数次想象自己成为他的新娘的画面，在那一句分手之后都变成了泡沫。

分手之后，可儿开始暴饮暴食，拒绝朋友的一切邀请，短短几个月的时间，就从原来的九十斤胖到一百五十斤，她觉得自己做什么都不快乐。

参加工作之后，她依旧很消沉，每天吃大量垃圾食品，得过且过，不思进取。

只有在睡梦中她才觉得自己是真实存在的。

庸庸碌碌地活着，像是在自我催眠。

那时候的可儿真的变成了一个油腻的姑娘，别人都不喜欢她，她自己也不喜欢自己。

有一次，公司组织郊游，她因为买一个煎饼果子耽误了几分钟，等她赶到公司的时候，同事乘坐的大巴车已经开动了，并没有等她，她在大巴车后面拼命喊："师傅，等等我……"

那一刻，可儿觉得自己狼狈极了，那个场景就像是猪八戒在喊自己的师父一样。原来在生活中，根本就没有人在意她。

那天晚上，她失眠了，看着窗外的星星，对这个世界充满了失望。

直到有一天见到了前男友，当人家光鲜亮丽地和女友站在自己面前时，她觉得让自己的世界变得灰暗的其实不是男友，而是那个自暴自弃的自己。

2

可儿开始让自己忙碌起来，工作之余开始学习，不断充实自己。

她努力健身，和朋友们一起畅聊，用心去过每一天。

可儿明白：或许我们这样唱一千遍一万遍，生活也不会立刻变成想要的样子，也可能永远都不会成为想要的样子。不过在那一刻，好像真的能听到自己心里的那个声音。

可儿没想到，改变心态之后，好像一切都变了样子，她开始相信自己会越来越好。

生活是自己的，当我们认可自己的那一刻，就会感觉到更多的宁静和喜悦。

或许我们不会因为另一个人让自己变得更好，但是也不能因为一个人让自己变得更糟。

生活是自己的，当我们认可自己的那一刻，就会感觉到更多的宁静和喜悦。

可儿庆幸自己清醒得不算太晚，其实生活本身没有任何变化，变化的是自己的内心。

她终于敞开了心扉，去感受这个世界的温柔。

后来，可儿有了自己的舞蹈工作室，她也用心保持自己的身材，变得越来越美。

跳舞的时候，她觉得自己的生命真正鲜活起来。

如今她喜欢更加努力的自己，喜欢生活中朴实的烟火气息，就像是经历过一场寒冬，终于迎来了属于自己的春暖花开。

3

澳大利亚演说家尼克·胡哲用改变缔造了自己的新生。他天生没有四肢，只有左侧臀部以下的位置有一个带着两个脚趾头的小脚，也因此饱受同学的嘲笑和欺凌。十岁时，他曾试图自杀了结生命。

后来父母告诉他：如果不尝试，你永远不知道你能成就什么。

之后，胡哲凭毅力读完大学，并取得会计及财务规划双学士学位。

十九岁那年，胡哲第一次向学校推销自己的演讲。被拒绝五十二次之后，他获得了一个五分钟的演讲机会，从此开始他不凡的演讲生涯。

胡哲在演讲会上说："我是命运的弃儿，别人眼中的废物，但我仍怀抱希望，追逐人生的精彩。就算我天生没有四肢，也不代表我就一定会失败。我能踢足球、跳水、玩滑板、骑马、跳绳，甚至玩帆船，虽然我没有四肢，但幸好我还有脚趾头，它能写字，一分钟打四十三个字，它还能打鼓……"

如果我们不放弃自己，就没有谁能让我们放弃。

千难万险的路上，我们都曾以为自己孤身一人，但其实强烈的阳光下衬着的，是一样的不曾放弃前行的心。

4

很喜欢那句台词：

就算八九不离十的人生中，有时候也会出现一些闪闪发亮的东西。每当那时，别错过它们，要好好收集在自己的星星口袋里。只有那样，以后难过的时候，疲惫的时候，就能一颗一颗掏出那些星星，熬过那些时间了。

每个人都是自己生命中的主角，心底里都会有无数条路通向更加成熟的那个自己。

无论哪一种选择，或者哪一条路，我们都要勇敢前行。

路在你脚下，要不要走下去，完全由你自己决定。

我们努力的意义，不仅仅是为了三餐温饱，更多的是为了让自己在以后的岁月里，活成自己喜欢的样子。

我们之所以努力，是希望人生在世有更多自由。只要不放弃，生活会给你无限种可能。

不断成长，为别人鼓掌的同时也要为自己鼓掌。

永不放弃，才是对平凡生活最好的赞赏。

景　天

非典型狮子座，业余写作者。出版《别在吃苦的年纪选择安逸》《愿你做自己的主人，也做生活的英雄》等畅销书。微信公众号：作者景天。

如果我们不放弃自己，就没有谁能让我们放弃。

在复杂的世界里，做个明白人

文 · 尹惟楚

1

电影《这个杀手不太冷》中有一段经典对白。

小女孩问里昂：“这个世界总是这么难吗？还是只有小时候是这样？”

里昂回答：“总是如此。”

这个世界从来就没有轻松，飞沙走石会贯串整个人生。小时候觉得难只是单纯源于对生活现状的感知，而长大后觉得难却大多是因为想要的太多，得到的又太少。自身的能力与努力，不足以支撑我们日益膨胀的野心。

我听过太多以“我到底要不要……”开头的各类求助。

每次面对这些问题的时候，我都会觉得可笑。一个成年人站在人生抉择路口，却选择询问别人自己未来的走向，有些悲哀，又有些愚昧。

比如，有些人不喜欢自己的工作，但除了这份工作自己又没有其他能够维持生计的技能。有属于自己的爱好，但又没有勇气去将爱好转化为事业。

其实这时候无非两个选择，要么改变现状，背水一战搏一个不确定的未来；要么改变心态，在未来千篇一律的重复中变得安于现状。无论做出何种选择，问自己往往比问别人更有效，对于自己的人生也更负责。

很多时候，纠结与痛苦，是因为缺乏果断的抉择，而做出抉择首先便需要活得明白。

2

当下很多人最大的问题就是活得不够明白。

他们只是单纯地对现状不满，不喜欢自己的专业，厌倦自己的工作。但你问他想要做什么，他们会立即陷入沉默。你问他有何具体打算，他更是双目迷茫。

讨厌现状很容易，改变现状才难。人不怕没有梦想，就怕空有梦想却没有相应的能力，有目标却没有任何计划，甚至连去尝试的资格都没有。

你想在一座城市安身立命，甚至买房扎根。那就先衡量一下自身的能力，或者说你可以为此付出多少，是否给自己定下了目标。

你有一个爱好，想要将其转化为事业，那就要问自己是否有破釜沉舟的决心，是否能够承受转型期间的压力，甚至承担转型失败后所需面临的各种现实问题。

如果你对现状不满意，那就要想好如何改变，确定一个可行的方向，然后再去努力，而不是一边混吃等死，一边又怨天尤人。

何炅曾经在某节目中说过这样一段话：

要得到必须付出，要付出还要学会坚持。如果真的觉得很难，那就放弃，但放弃了就不要抱怨。我觉得人生就是这样，世界真的是平衡的，每个人都是通过自己的努力，去决定自己生活的样子。

这段话正是阐述了一个人应该懂得认识自己，在现实与梦想之间寻找属于自己的安身之处。

3

我认识的一个圈中姑娘，毕业后单枪匹马奔赴北京。

当时她还有一个男友，但男友毕业后便回家乡考了个公务员，过上了朝九晚五的体制内生活。异地生活通常会产生很多矛盾，最大的矛盾便是两人对未来的定位偏差。

男友觉得一个女孩子没必要这么折腾，希望她回去工作。这样，两人对于未来更好把控，至少不会产生太大矛盾。

姑娘却很委屈。她说："如果我妥协，就和他一样考个公务员，然后两人结婚生子，最后将青春与梦想全部埋在那里。我不是不喜欢他，也不是像小女孩一样和他较劲，而是我做不到这样轻易地向自己妥协。我不甘心啊，我太知道自己想要什么了。"

其实当时的她过得并不是很好，新入职一家公司，自己有一个不温不火的公众号，白天朝九晚五赶地铁去上班，晚上回来还得窝在小出租房里写文章。

我说："北京房价这么高，也不大可能在那里买房，奋斗几年再回去，其实也未尝不可。"

停顿了一会儿，她给我发来几个字：我觉得我可以在这座城市留下来。

很多时候，一个人的纠结与痛苦，是因为缺乏果断的抉择，而做出抉择首先便需要活得明白。

4

说真的，当时那一瞬间我有些震惊，但也没有更多去在意，只是以好友身份客气地调侃了几句。

后来的故事就非常励志了。

她和男友分了手，然后朝着自己想要的方向跳了几次槽，再后来和另外几个作者一起从开工作室到公司，从做内容拓展到影视出版等业务，现在她带着团队越做越大。

她的今天有偶然，但也是必然。一个有雄心又有能力，关键还能够为此而努力付出的人，梦想又怎么可能不给予她任何回应?

直到现在，她都是我所见过的活得最明白的姑娘。

所以，真正活得明白的人，不仅仅知道自己想要什么，还会勇敢面对为此会失去什么。知晓得到就必须付出，愿意为之努力并且真正做出努力。

活得明白真的是一件很需要勇气的事情。

你选择的路可能会孤独、会流泪。但就像你人生中的四季，承受严寒酷暑的是你，漫步春华秋实的也是你。

这个世界纷繁复杂，到处闪着耀眼的光。但是如果没有奔赴光源的勇气，就注定只能迷失在滚滚人流里。就像置身于璀璨的星空之下，周身的光景五光十色，但偏偏又很遥远，皆是触摸不及的梦幻。

有人说，活得漂亮是本事。但在此之前，请先在这个复杂的世界里做个明白人。

尹惟楚

《哲思》杂志专栏作者。已出版《和这个世界温柔地对抗》《情绪认识：在复杂的世界里，做个明白人》。微信公众号：尹惟楚。

活得明白真的是一件很需要勇气的事情。

对未来真正的慷慨，是把一切投入现在

文 · 林佳期

1

在微博看到一个活色生香的视频，是畅销书作者 W 小姐给自己做的 2018 年总结。这一年，她飞了十一个地方，把她的课程带往全国。她思考过去、现在和未来的关系，她说，美好的未来正在发生。

“我们过去努力是为了此刻，但我们却又不敢享用此刻，这是一个悖论，我们因此而困惑，因此而不快乐。” W 小姐对时间和人性的领悟多么像一个智者。

想想，人真的是善于自我欺骗的动物，总擅长虚构一个理想中的自己，总说未来要怎样怎样。

比如，你列了一个书单，说要花一年时间把它们读完。

比如，你计划了旅行，等到有时间就出发。

比如，你跟朋友说好，等有时间，你们就热闹地聚餐。

比如，你跟爱人约定，待你事业有成、待她长发及腰，你们就结婚。

可在现实里，这样没有时间节点的计划往往是被搁置的。当日历越撕越薄，你会发现许多计划终究未能付诸实践。也许你会说“我很忙”，也许你会说“我还没有准备好”，但最终你可能会发现，你永远都不会有准备好的那一天，除非你现在就出发。

我想，W 小姐的活法是许多人都会羡慕的。她辗转国内外，演讲、分享，然后一遍遍地把自己的理想梳理、重塑。在琐碎的光阴里，她与观众分享她的战靴，分享她乘坐热气球的经历，与同事们欢呼，庆祝一年的终结。

你或许会惊叹于别人的生活，你或许还会忽略这一帧帧十分日常的片刻，都是过去的现在，也都是正在发生的未来，只是当时我们并未察觉。

我们以为总会有时间的，等到不再忙碌，就去见想见的人，看想看的风景，仔细化妆，把自己收拾成一个精致的猪猪女孩。

可事实上，如果终日庸碌沉溺于安逸之中，你是看不到理想的光芒的。你终会明白，今天与明天的轨迹一以贯之，理想的状态是细水长流，而不是瞬间燃烧。

2

知乎上有一个问题：你见过怎样典型的学生思维？

其中有一个点赞最多的答案说：认为准备好了才能做。并坦言这是他经历过的血淋林的教训。

当时，答主初入职场一年，有一次，领导问他有没有兴趣一起参与一个新项目。可想而知，对于职场菜鸟而言，必然是诚惶诚恐的，很多疑问在心里纠缠：如果我做不好怎么办？如果我在行家面前露怯怎么办？

于是，答主在优柔寡断中错过了这个机会。当时浑然不觉，或许还松了一口气。可回过头来看，人生可称之为机遇的也许寥寥无几，人生的成长状态也绝不是一个发生在未来的虚无时间点，修炼永远在此刻、在当下、在路上。

不要寄希望于未来，你的惰性，远比你想象中嚣张。

埃克哈特·托利在《修炼当下的力量》中这样写道："过去能给你一个身份认同，未来则是有着解脱和各种圆满成就的希望，因此，你可能会强迫性地认同它们，但这两者都是幻象。"

不知道从什么时候开始，朋友聚会的饭桌上必然会聊起的话题，叫作"想当年"。换句话说，我们都在怀念过去。

A 讲起当年的驻场经历滔滔不绝，他曾杀入某选秀节目全国五十强；B 说起曾经创业的辉煌，绝口不提后来的幻灭，将酒水一饮而尽，杯子碰撞的，都是梦碎的声音。

我们都一样，在过去的时光里，都有一瞬荣光。那是许多年前，我们还生活在不同地点，都曾经有过一段难忘的意气风发。

我最怀念的时光应该是大学四年，那时候的我有充足的时间用来写字，日更也从来不需要勉强；那时候的自媒体还没有群雄割据、百家争鸣的繁荣景象才刚刚开始；那时候大多数作者的创作不带功利之心。

那时候，也有一些出版公司上门来找我合作，而我是自惭形秽的。

对于一个象牙塔里的青年来说，有些东西是遥不可及的。那时候的我与其说惊喜，更多的感觉是惶恐。我还没有准备好，这样的文字印刷出来，岂不是贻笑大方？

尽管我还是有一些不切实际的幻想：我想在二十五岁之前出书，想成为鬼才作家。我朝着一个方向去努力，觉得自己会离它越来越近。可是，我什么时候才能准备好呢？

不要寄希望于未来，你的惰性，远比你想象中嚣张。

就是在这样的犹疑里，我毕业了，时间开始被工作填满。我才发现生活永远不会给你停下来喘息的机会，不会给你大片专属空间用来学习充电、增加阅历。每一秒钟、每一分钟，这微茫的点点滴滴才是划过你皮肤最真实的印记。醍醐灌顶的某一刻，我不再寄希望于虚无缥缈的未来了。

3

我将每天的计划写到便签上，详细列好待办事项，然后一个个去执行，一个个画上对号。我更珍惜每一个无知无觉的当下。

我相信很多人都看过那两部让人潸然泪下的片子，一部是口碑炸裂的《四个春天》，一部是宣传片《啥是佩奇》。这两部片子表达的主题不谋而合：跨越山海，不如回家。

每逢年底都是大家疯狂抢票回家的时节，春节的北京则会变成“空城”。你有没有想过，除了法定假日外的三百多天，千里之外的家乡，是另一个空城，家，则变成冰冷的空巢，父母日日盼归。

毕淑敏有一篇文章叫《孝心无价》，它是高中语文阅读理解的常客。其主旨是说，我们总以为有一天能衣锦还乡，从容尽孝，但“子欲养而亲不待”。对父母而言，空许他锦绣千里，不如回家。活在当下真是最重要的事情。

我并不是鼓励你一时冲动去闪婚、去出逃，而是想告诉你，所有的宏伟蓝图都需要从现在开始上路。之后你就会发现，最难的不过是这一步之遥罢了。我不希望你日程表里的计划全盘作废，不希望小程序或朋友圈里的打卡记录成为僵尸，不希望每一个悬而未决的事情永远悬而不决。

徐佳莹在《明天的事情》里唱道：“我们预约明年夏天的旅行，我们预约下个月的舞台剧，我们预约情人节的那家餐厅，可是怎么知道到时候我还爱你。”

是啊，生活每时每刻都在变化，容不得我们过于相信所谓的“水到渠成”。

我想起那段经典阐述：

你老了回顾一生，就会发觉什么时候出国读书，什么时候开始第一份工作，什么时候选择对象，什么时候结婚，其实都是命运的巨变。只是当时站在三岔路口，眼见风云千樯，你做出选择的那一日，在日记上相当沉闷和平凡，还以为是生命中普通的一天。

若想到达明天，请即刻启程。

林佳期

北漂，一个内心强大的水瓶座写字人，一座热闹的孤岛。陪你天真有邪地长大，可爱有趣地出发。微信公众号：林佳期。

只有努力的人，才会被希望眷顾

文 · Sandy 双双

前几天，和朋友聚餐，刚坐下没多久就听见有人叫我，找了半天也没发现是谁。对方走到我身边拍了下我的肩膀，大概是怕我尴尬，笑着说："是我呀，小灰。"

我一惊："天哪，我的灰！你怎么变得这么有气质、这么美了？我都没认出来！"

小灰摆摆手："哪有，岁月都不饶人，哎，我们吃完饭聊呗。"

我点头，于是我们相约，饭局过后一起去喝上一杯。

小灰是我的高中同学，那时候的她架着一副眼镜，话不多，斯斯文文的，属于在人群里立马会被埋没的一类人，我跟她也是因为高三那年文理分班成了同桌才慢慢熟络起来的。她不是特别聪明的那类人，也算不上多努力，只是每天默默地出现、默默地离开。

高三下半学期的时候，她突然间开始拼了命地学习。别人下了课立马冲出教室呼吸新鲜空气放松一下，她还是埋头苦学，不是背单词就是背公式，没有一刻停歇。困了就拿出速溶咖啡，只加一点点水，喝了继续看书。

我开玩笑问她："你咋突然这么认真，要考北大啊？"

她耸耸肩，只回答了三个字："留在这。"

当时我并不明白她这句话的意思，还笑她："你不就在这儿了，还要留吗？"

晚上，我和小灰一边吃宵夜一边聊天，才知道当年高考完，因为成绩不理想，她最后还是考回了老家。母亲生病付不起太多的医药费，也只得在老家待着。

这世上，总有一些努力不被认可，也总有一些付出得不到回报，那只是因为故事还没有到最后结局的那一刻。

那时，小灰就发誓，一定要努力赚钱，留在上海，让母亲得到好的治疗，也让父母能够过上好日子。

大学时，小灰一边读书一边打工，和父亲一起承担昂贵的医药费。毕业后她独自回到上海打拼。她说："刚回到上海的时候觉得，才没几年就被这个城市甩开了老远，不敢开口和人说话，衣服很土，也不会化妆，总能看到好多不舒服的眼神。可是我想着，只要努力总能在一个城市立足。"

刚开始实习的时候，小灰的工资低，还要承担母亲的医药费，根本租不起公司附近的房子，只好租在郊区。每天来回要在路上花四个多小时，天没亮就起床，踏着夜色回家。也因为是公司新人，小灰难免会被前辈压着，受到一些排挤：开会时随口讨论的方案，经常被抄袭；好不容易接下的项目，完成了大半，又莫名被截胡。

小灰说："那个时候真的很绝望，觉得这个社会好残酷，只要你不够优秀，就永远被别人踩在脚下。那种眼神我一辈子都不想再看到。"

这世上，总有一些努力不被认可，也总有一些付出得不到回报，那只是因为故事还没有到最后结局的那一刻。

那几年，小灰利用每天上下班的时间，在地铁上深挖业务知识、学英语、思考项目，累了就观察周围女生的穿衣打扮，学着改变外形。她明白，想要成功，不光要在专业上出色，外表形象也会为自己加分，只有从内到外都做到极致，才能争取到更多的机会。

如今小灰已是部门主管，有能力把父母接到身边更好地赡养，给母亲最好的治疗了。坐在我眼前的小灰，穿着简单大方，骨子里透出优雅和自信，举手投足间都仿佛发着光，让人不敢相信她曾是个唯唯诺诺地缩在角落里的小丫头。

唯一不变的是，在她眼里依旧隐隐透着一丝不服输的倔强，就如同高三那年说要留在上海时一样。

这几年，小灰也曾向生活示过弱。但是她终究明白，命运不会因为你的软弱就放你一马，只会因为你的退缩而得寸进尺。

所以，不如就攥着手，默默地坚强起来，大胆往前冲，突破层层阻碍，才能在未来发光。

和在电台工作的朋友聊天，她突然问我："你白天要上班，为什么还有那么多时间写稿子、录节目、做后期、运营公众号、健身、学各种技能，我怎么就做不了这么多事呢？"

被她这么一问，我愣了一下，一时没反应过来，她又接着问："你在电台工作了十几年，究竟是怎么坚持下来的？好拼啊。"

我笑着说："每个人的时间都一样多，最忙的那段时间，我一下班就回家，扒两口饭就开始写稿、录节目。那时候没有朋友聚会、没有时间看电影，连上网购物都要掐着时间，熬夜也是常事。但我并不觉得自己是在拼，因为身边的朋友大多都这样，你可能没有见过真正拼的。"

我有一位特别崇拜的老师，也是一名导演。有一次，我有幸去参加他的微电影课程，课间休息时大家就闲谈起来。当时每个参与课程的人都有自己的专业领域和特长，所以大家聊的话题范围也特别广。

但是令我震惊的是，无论大家聊到哪一方面，老师都有独到的见解，我们都感叹老师学识渊博。

有一次课上，他和我们谈到自己的生活，说道："这个世界其实是很残酷的，不努力随时可能被淘汰。这个淘汰不是说你无法生存下去了，而是你主动选择被这个社会抛弃。当你的双手和大脑无法再创造价值的时候，它们只是供你活着的零件而已。"

老师说，他每天睡五个小时，其余的十九个小时全都用来工作、学习和必要的生活。这是坚持了多年的日常，从来没有间断过。

刚接触电影时，他每天晚上都要花好几个小时一帧一帧拉片看，研究镜头的移动、时间的长短、场景的布置等。家里收集了数不清的国内外影片，看到好的影片他一定会想尽办法找到，并花大量时间研究。

就像他说的那样，如果连自己的专业都没办法做到极致的话，永远也无法获得成功。

老师会随身带一个小本子，和朋友、同事、学生聊天时，一旦遇到自己不明白、不了解的资讯会随手记录下来，等事情忙完之后就查阅资料，把它们变成自己的知识。正因为这样，才会在任何时候都游刃有余。

都说这个世界是残酷的，可是更残酷的是，比自己优秀的人还在努力拼搏，我们又有什么理由不再加一把劲呢？

我们都曾怀抱理想，也曾被现实打倒在地。有人咬紧牙关奋力起身，只为一搏，于他们而言，未来充满无限可能；也有人甘心就此止步，于他们而言，未来只是现在的重复。

所有努力奔跑的现在，都是为了迎接一个更好的未来。

失败的人都在最黑暗的时候选择了放弃，成功的人往往都坚持行走在黑暗里，直到希望找到他。

只有努力的人才会发光，终有一天被希望看见。愿你能成为那个被希望眷顾的人。

Sandy 双双	女主播，她的声音能温暖很多人的耳朵，喜马拉雅拥有 53 万粉丝，策划制作三档节目，全网共 5800 万的播放量。

都说这个世界是残酷的，可是更残酷的是，比自己优秀的人还在努力拼搏，我们又有什么理由不再加一把劲呢？

热爱并坚持的东西，才能让你成为自己

文 · 洋气杂货店

1

晚上和室友聊天，我问她什么事情能让她开心，她笑着说是发工资以后的购物。嘴上虽是这么说，事实上，每天晚上我敲键盘时，她都会坐在旁边坚持画画，两个人有一搭没一搭地聊天。

有些热爱不需要说出来，却总是在行动上默默坚持着，即使经过一整天辛苦的工作，我们也愿意把休息娱乐时间花在上面。

相较于各种喜好，我更喜欢看书，这种喜欢在大学时最强烈，常常一个人在图书馆待上一整天。毕业后工作疲累，我常常忽视床头的书，转而看起了综艺节目或偶像剧，这种不动脑子的娱乐项目很容易打败我嘴上所说的热爱。我的这种喜欢，也常常浮于表面、浅尝辄止。

中学时，我喜欢去一家书店看杂志。常常听人说书店老板很无趣，终日坐在那里看书，不苟言笑，对待店内的书更像是对待宝贝般珍惜，偶有顽皮的孩子将书弄皱或乱丢，都会让他生气。

如今线上书店发展迅速，书籍的低价折扣更是让实体书店的生存越来越难，很多书店相继关闭，引人叹息。

2018年春节时，我去母校见朋友，又看到了这家小店，老板还是像从前那样一个人在书店里忙活着，只是几乎没什么读者。

七八年过去，我和朋友都变了模样，老板也早已记不起我们。我们停在书架旁，和他随意闲聊了几句。

原来，老板同时还做点小生意来维持这个店的经营，他说：“读者虽然少，不过还是有人需要的，有人需要，这个店就有存在的意义。”

他说得云淡风轻，一笔带过，好像生存环境并没那么恶劣。固执的他守着这家书店，哪怕没挣到什么钱，却让我很是敬佩：这大概才是真正的热爱吧。

上学时，我也常常私下评价他呆板无趣，如今我为自己的偏见而感到羞愧。

或许，每一个平淡无奇的普通人背后，都藏有一个偏执的自己，他或许无聊，或许不近人情，但当我们触及他的内心时，总会将之前所有的偏见一笔勾销。而热爱这件事之所以魅力无穷，大概就是它从不会因当前生活的状态而改变吧。

坚持自己所爱，用一间小书店来抵抗全世界，内心的满足已经足够支撑一个人。

这个世界上，总有一半人不理解另一半人的快乐。

2

如今很多父母在教育孩子的问题上已经有所改观，不再强求孩子去学习各种技能，而是挖掘他们的兴趣并加以引导，把兴趣变成热爱。

热爱就是我想让你去捕鱼，先培养你对大海的渴望。有了这份渴望，你便会主动开心地去做。

一个人的精神世界能在他的现实生活中起到巨大作用。

电视剧《欢乐颂》中，安迪的弟弟有些自闭，无法像正常孩子那样交流沟通，但他却一直满足地活在自己的世界中，画画对他来说就是热爱的东西。

什么是热爱？知乎上有人说热爱就是敝帚自珍。所谓“敝帚自珍”，不是说你爱的东西很小众，而是哪怕你热爱的东西不是那么小众，你都要爱它爱到别人觉得不值得、不理解的地步。

你也不必因此担忧，这个世界上，总有一半人不理解另一半人的快乐。

生活中，我们每个人都有所爱。把时间花在上面，或许没什么反馈和收益，又或者是完全浪费，也依然乐在其中。

不喜欢看书的人理解不了爱书人的快乐，他不知道当外面的世界糟糕时，书中还有另一个备份的世界供我们躲藏。那里有备份的梦想、备份的宁静、备份的旅行朋友、备份的诗句、备份的爱情，这些就已足够。

3

这个时代，几乎人人都逃脱不了孤独的魔爪，受其影响，或大或小。身居闹市，处在密集人群之中的那种孤独更有质感。

孤独像是一场无人送粥的重感冒，病痛是外界给的，而治愈是热爱给的。

我常常问别人，你一个人待着时做些什么，是否无聊？无一例外，那些有爱好的人给出了这样的回答：

不孤独啊，我做自己喜欢的事很开心、很享受，能这样不被打扰地做一辈子才好呢。如果没有这些东西，我不知道自己还能干什么。

或许，让我们开心的不是欲望得到了加强，而是内心喜欢的东西得到了弥补和满足。

人和人之间的区别没有那么大，甚至很多地方都是相似的，所以才会有那么多的感同身受、那么多的情感共鸣。

你真正热爱并坚持的，才能最终让你成为你，成为与众不同的你：作家、画家抑或是歌手。

浮躁的时代，我们总是看见有人捡了芝麻丢了西瓜：今天想学钢琴，明天又想学书法，三天打鱼两天晒网，终日在各种选择中徘徊、彷徨，没有方向。

或许，我们每个人都该坚持去爱些什么，不那么轻易改变，也不那么轻易放弃，甚至做尝试着没有反馈地坚持很长一段时间。

这些长久的坚持，可以给这颗年轻的、轻飘飘的心一点儿力量，最重要的，是让这个人成为他自己。

洋气杂货店

自由撰稿人。已出版《层次越高的人，越能专注做自己》。微信公众号：洋气杂货店。

孤独像是一场无人送粥的重感冒，病痛是外界给的，而治愈是热爱给的。

无论多少岁，做个永远年轻的大人

文 · 小灯泡儿

1

“95 后”已经有人开始初老。

二十多岁的年纪，没底气没思路没存款，一边说佛系，一边迷茫。

每天十点多就犯困，熬完夜两天也缓不过神来；秋天自觉穿上毛衣、毛裤，再也不用妈妈提醒；一吃辣就胃痛，吃个烧烤都要纠结老半天。

最糟糕的，莫过于对“以后”的想象正在日渐疲软。

刚入学时，心想着我不要浑浑噩噩地过一眼看到头的四年；毕业那年，手忙脚乱地做简历，看到机会也摇头不自信。

每天讨论的日常，从我喜欢什么变成了我讨厌什么；最近烦心的问题，从好不好吃变成了挣不挣钱。“我这人……天赋不行，能力有限。生活也就这样了吧。”

因为怕失败怕丢脸，宁可待在舒适区里画地为牢，选择安全却又无趣的玩法。

因为在潜意识里，认为一辈子都会很平庸，甚至不敢去触碰更多其他可能。

越来越不相信自己，放弃了瞎折腾，放弃了所谓的热爱，老老实实接受生活给的答案。

就这样，把“没意思”和“算了吧”挂在嘴边，成了多少热情都温暖不了的荒原。

最糟糕的，莫过于对“以后”的想象正在日渐疲软。

2

上个月初，偶然看到一部剧，里头有句台词：“这个世界如此辽阔和美丽，大多数人却瑟缩在同一个角落里从不挪窝。”

很多人的生活就像搭乘一班接着一班急促行驶的列车，从期中到期末，从高考到大学，从求职到择偶，从夏入冬，从生到死。

但原地并非安全地带，远方未必满是荆棘。“别人眼中的评价”，当真是你所期许的样子？

在外旅行多年，见过世故老成的孩子，也遇到过简单可爱的大人。他们自信且自由，予我更多意料之外的“可能性”：

一位二十一岁勇闯天涯的少年，用最省钱的穷游方式闯世界，睡过沙发也发过高烧，把帐篷搭在中国的每个角落；

一位离异的单身父亲，放弃了优渥的工作，和儿子在小岛

开民宿，每周上山下海逐日光，骑自行车去郊游；

一对年过七旬的老夫妻，跑到印度学瑜伽，在摩洛哥种花，出门拖着两只行李箱，认识很多外国新朋友……

并非每个人都有说走就走的渴望，但至少能力、底气、经济都可以靠努力来换取。

那些“长不大的成年人”，怀揣着热忱和所爱，拥抱着勇气和初心，不惧怕告别，也不惧怕未知，随时停下，也可随时出发。

他们并不拘泥于年龄大小、钱财多寡，更在乎时间的意义。

3

实习的时候，因为某次采访，我认识了一位跳独舞的姑娘。

彼时的年纪，对她来说并不友好。前有父母催婚的压力，后有同龄人竞争的焦灼。但每次看她的朋友圈，都会由衷地感叹：这姑娘，也太励志了吧。

她曾穷到只剩八块钱，还能边写书边、旅行；也曾在异国他乡工作，后来成了项目合伙人，甚至做起跨界旅游业……

从一开始的忧虑、困惑和迷茫，再到如今的自由、独立和无畏。成熟之于她，是遇见更加真实的自己。看似迂回曲折，却绵延成了坦途。

“人生真的很神奇，就在某一个瞬间，以前苦苦渴求的东西就顺其自然地降临了。”

后来因为采访，又跟板栗姐成为同事。作为二胎妈妈，她倒是越活越像少女。

每天奔跑五千米，坚持练瑜伽和跳肚皮舞十几年。会煲汤、会乐器、会去听演唱会、会买花儿给自己、会去各地遍尝美食。

二十岁、三十岁、四十岁、五十岁……那又如何呢？谁说年龄是人生的分野？

对独舞姑娘、对板栗姐、对每个他和她来说，生活不怕折腾，喜欢就多去尝试。

有所热爱、有所痴迷、有所贪恋，便是平凡日常里的最佳慰藉。

4

电影《涉足荒野》里，女主角曾向生活认输。

生病、离婚、家人逝去，她怨过时间、怨过环境、怨过年轻不再。为了跟过去撇清、留给自己一个干净的起点，她才决定上路。

徒步没那么简单，馊冷的食物、硌脚的鞋子，毒蛇、大雪和图谋不轨的路人。

她磨伤了肩膀，也走脱了脚趾甲。她背着藏蓝布包，越过暗黑森林和喑哑平原，在陌生的旅馆醒来，半夜能听见狼的凄嚎。

但正是这种退无可退的面对，教她学会悦纳，接受生活的不圆满和自己的不完美。“我的生活和其他人一样，神秘而美丽，远在天边，近在眼前，但注定属于我。”

此时她才明白：年龄并不算什么，前路其实很开阔，所有的阻挠，都可以成为跳板。

你我从不为生活设限，每个人都有无限可能性。年轻人所缺乏的，并非经历多寡，而是如何去感知、珍视、重塑那些自身体验。

请别再拒绝改变、拒绝未知的陌生、拒绝一个本应更加丰盈的自己。

也愿你眼里有星星，心头有向往，脚下步履不停。无论在何处，拥抱未知与好奇。

无论多少岁，做个永远年轻的大人。

小灯泡儿

95后新锐作者，环球旅行达人。分享更有意思、有意义的暖萌生活。微信公众号：大樱桃与小灯泡。

图书在版编目（CIP）数据

唯有坚持，不负梦想 / 人民网社交媒体部主编. --
北京 : 中国画报出版社, 2019.8
ISBN 978-7-5146-1750-4

Ⅰ. ①唯… Ⅱ. ①人… Ⅲ. ①成功心理—通俗读物
Ⅳ. ①B848.4-49

中国版本图书馆CIP数据核字(2019)第101078号

唯有坚持，不负梦想
人民网社交媒体部 主编

出 版 人：于九涛
责任编辑：郭翠青
责任印制：焦 洋

出版发行：中国画报出版社
地　　址：中国北京市海淀区车公庄西路33号　邮编：100048
发 行 部：010-68469781　010-68414683（传真）
总编室兼传真：010-88417359　版权部：010-88417359

开　　本：32开（880mm×1230mm）
印　　张：7
字　　数：180千字
版　　次：2019年8月第1版　2019年8月第1次印刷
印　　刷：大厂回族自治县德诚印务有限公司
书　　号：ISBN 978-7-5146-1750-4
定　　价：42.00元